33個 給你最溫柔陪伴的布娃兒

手縫可愛の
繪本風布娃娃

歡迎來到布作玩偶的世界。

本書除了棉布，也有很多以棉麻布、復古風布料等，

製作的可愛布偶。

令人著迷的不僅是動物們溫暖的表情，

在手作的同時，心也毫無疑問地被療癒了呢！

立刻翻開書頁，找出你喜歡的孩子吧！

✳ 設計＆製作者

kazakka
shop　https://minne.com/@kazakka
blog　http://kazakka.jugem.jp

nikomaki*（柏谷真紀）
shop　https://minne.com/@nikomaki
blog　http://nikomaki123.jugem.jp

チビロビン
blog　http://chibirobin.exblog.jp

さぼさぼ
shop　https://minne.com/@goma-sio

Patches〜パッチーズ〜　澤村 藍
shop　https://tetote-market.jp/creator/patches
blog　http://citravicitra.blog111.fc2.com

✳ 攝影協力

AWABEES
UTUWA
TITLES
JAM COVER　EAST TOKYO
JAM COVER　TAKASAKI　http://www.jamcover.com

✳ Staff

總編輯　柳花香 · 野崎文乃
作法校閱　北脇美秋
攝影　藤田律子
版面設計　鈴木直子、橋本祐子（紙型）
插畫　榊原由香里
紙型　宮路睦子

contentS

關於原寸紙型

本書隨附的原寸紙型，參見P.34「原寸紙型使用方式」，另外描繪在其他紙張上後再使用。

背面的模樣

溫暖小熊

簡單設計的小熊兄弟，
呆萌呆萌的表情很有魅力。
紅色＆黑色，不同顏色線條的褲子，
實搭又有型。

作法 ＊ P.36

設計／製作 ＊ kazakka

尺寸 ＊ 長19.5cm × 寬15.5cm

時尚小貓

似乎正眺望著遠方的小貓，
長長的尾巴是他的特色亮點。
今天特別繫上黑色點點的領結，
是在等著誰呢？

③

作法 ✳ P.8
設計／製作 ✳ kazakka
尺寸 ✳ 長22.5cm × 寬16cm

4

5

色彩鮮豔的小鳥

佇立於窗邊，享受著灑入室內的日光浴的好可愛鳥兒們。
結合北歐風，將中段的身體＆尾巴
點綴上手繡的裝飾。

作法 ✳ P.70
設計／製作 ✳ kazakka
尺寸 ✳ 長9cm × 寬15cm

貓頭鷹 ×2

結合亞麻布＆復古花色布料，
作出扁平造型的貓頭鷹。
一針一針謹慎地刺繡，注入溫暖的心意吧！

作法 ✳ P.38
設計／製作 ✳ kazakka
尺寸 ✳ 長15cm × 寬13cm

調皮的小馬

由天然麻布製作而成的小馬，
穿上北歐風花朵洋裝的模樣非常時尚。
鬃毛＆尾巴是以繡線編製而成。

8

作法 ✳ P.38
設計／製作 ✳ kazakka
尺寸 ✳ 長27.5cm × 寬18cm

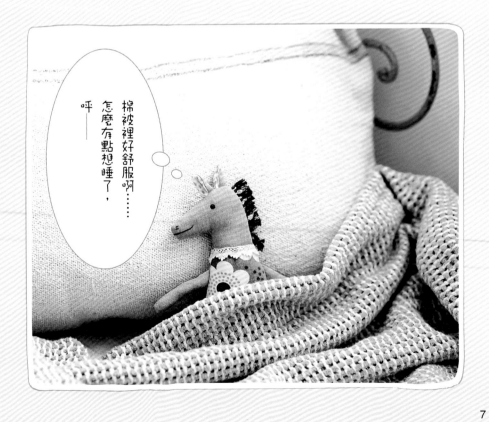

P.33

材料

A 布（麻布／米色）40cm 寬 25cm

B 布（棉布／點點）25cm 寬 10cm

C 布（棉布／綠色）20cm 寬 10cm

D 布（棉布／褐色）20cm 寬 5cm

E 布（棉布／米色）20cm 寬 5cm

25 號繡線（灰褐色・紅紫色）

手工藝棉花 約 31g

關於原寸紙型

◆原寸紙型：參見 A 面 3

使用部件：身體・腳・領結

尾巴為直線裁部件，無提供原寸紙型，

請在布料背面直接畫記＆裁剪下來即可。

＊刺繡皆使用 25 號繡線（灰褐色・3 股）。

＊除了特別指定的部分之外，皆取與布料相同顏色的縫線
　進行縫製。

＊刺繡方法參見 P.33。

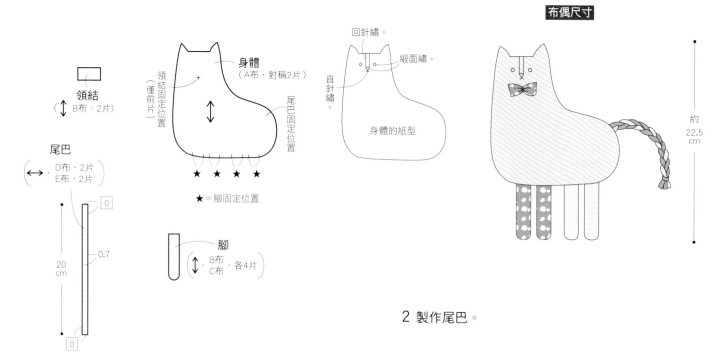

○＝原寸紙型

紙型

領結
（↕ B布・2片）

尾巴
（↔ D布・2片
E布・2片）

20 cm
0.7
0 0

※口內數字為縫份尺寸。

身體
（A布・對稱2片）

領結固定位置（僅前片）

尾巴固定位置

★＝腳固定位置

回針繡。
緞面繡。
直針繡。

身體的紙型

布偶尺寸

約 22.5 cm

腳
（↕ B布・C布・各4片）

作法

始縫＆止縫處皆以回針縫加強固定。

1 製作腳。

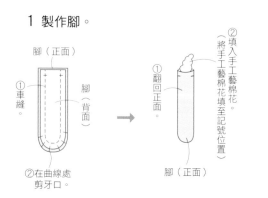

腳（正面）
①車縫。
腳（背面）
②在曲線處剪牙口。

①翻回正面。
②填入手工藝棉花。（將手工藝棉花填至記號位置）
腳（正面）

2 製作尾巴。

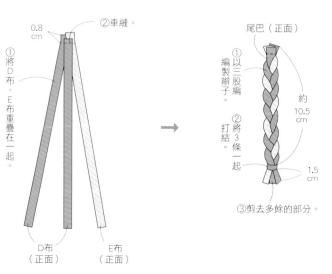

0.8 cm
②車縫。
①將 D 布・E 布重疊在一起。
D布（正面）
E布（正面）

尾巴（正面）
①以三股編編製辮子。
②將 3 條一起打結。
約 10.5 cm
1.5 cm
③剪去多餘的部分。

3 縫上腳&尾巴。

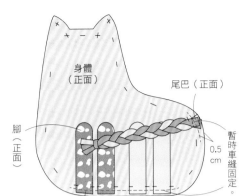

身體（正面）

尾巴（正面）

腳（正面）

0.5 cm

暫時車縫固定。

0.5cm

5 縫製臉部表情。

刺繡。

身體（正面）

6 製作&縫上領結，完成！

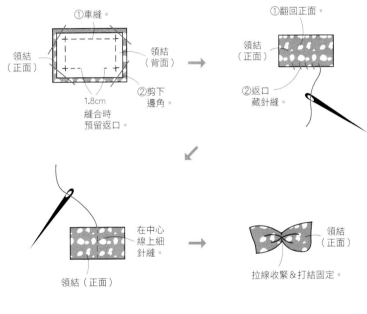

①車縫。

領結（正面）

領結（背面）

②剪下邊角。

1.8cm

縫合時預留返口。

①翻回正面。

領結（正面）

②返口藏針縫。

在中心線上細針縫。

領結（正面）

領結（正面）

拉線收緊&打結固定。

4 縫合身體。

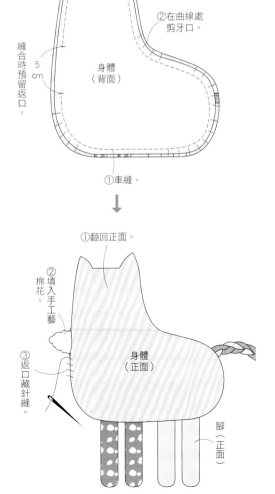

③剪下邊角。

身體（背面）

②在曲線處剪牙口。

縫合時預留返口。

5 cm

身體（背面）

①車縫。

①翻回正面。

②填入手工藝棉花。

③返口藏針縫。

身體（正面）

腳（正面）

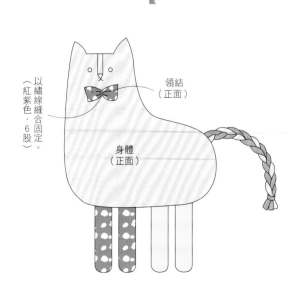

以繡線縫合固定。（紅紫色・6股）

領結（正面）

身體（正面）

魚兒好朋友

選用講究的顏色＆花色製作而成的時尚小魚。
小小的眼睛＆胸鰭的刺繡，
傳遞出手作才能感受到的溫度。

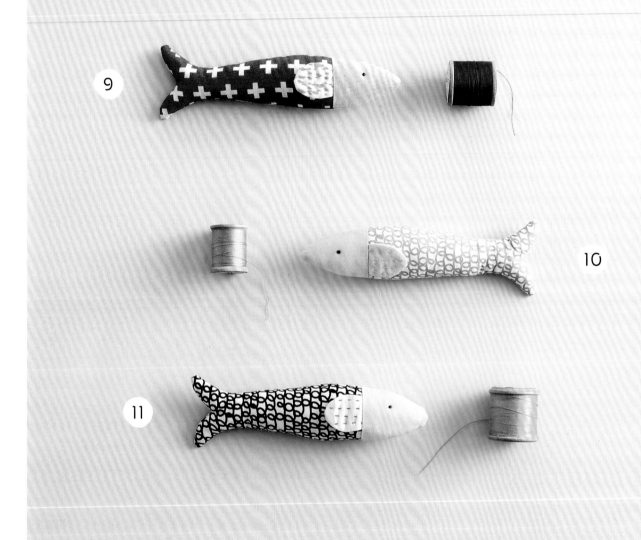

9

10

11

作法 ✳ P.71
設計／製作 ✳ kazakka
尺寸 ✳ 長3.5cm × 寬17cm

肚子餓的臘腸犬

大大的眼珠子 × 略帶復古風情的可愛達克斯臘腸犬。
依據布料的搭配方式，將會呈現截然不同的印象，
請試著創作專屬於自己的作品吧！

12

作法 ✳ P.42
設計／製作 ✳ kazakka
尺寸 ✳ 長14cm × 寬27.5cm

變裝小貓熊

今天也湊在一起互相展示洋裝，
享受時裝秀樂趣的貓熊姐妹。
只要改變臉部與身體的布料，或手腳縫合的方向，
就能將表情表現得更加豐富。

作法 ✱ P.44
設計／製作 ✱ nikomaki*
尺寸 ✱ 長14cm × 寬11cm

13

14

從裙子露出來的鈕釦尾巴，
也特別迷人呢！

海獺先生

需要縫製的部件很少，

簡單即可完成的海獺先生。

請一針一針地將臉部表情、手的爪子、腳、毛流繡出來唷！

15

作法 ✱ P.46

設計／製作 ✱ nikomaki*

尺寸 ✱ 長17cm × 寬9cm

雙胞胎小鴨

黃色 × 橘色 ・ 白色 × 黃色的鴨子先生們。

塗上腮紅的臉頰＆微笑般的表情，

讓心整個暖和了起來。

16

17

作法 ✱ P.46
設計／製作 ✱ nikomaki*
尺寸 ✱ 長13cm × 寬12.5cm

暖心恐龍

親切笑臉的恐龍先生，
只要見到他就會被療癒唷！
除了以點點、印花、條紋布料裝飾背部，
筆直伸長的尾巴也是視覺焦點。

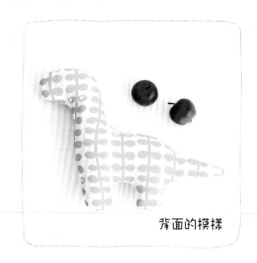

背面的模樣

作法 ✽ P.50
設計／製作 ✽ nikomaki*
尺寸 ✽ 長15cm × 寬19cm

18

盛裝的長頸鹿

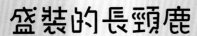

在脖子繫上格紋領結的長頸鹿先生。
下垂的眼睛配上得意微笑的表情，
以縫線製作的站立頭髮，三股編的尾巴，
所有細節都相當迷人！

作法 ✽ P.54
設計／製作 ✽ nikomaki*
尺寸 ✽ 長19.5cm × 寬9cm

19

長長尾巴的邊端，
是以毛線製成的流蘇。

20

可愛萌獅

眼睛大大的，好可愛的獅子布偶。
將小印花鬃毛的押釦拆解下來，
就變身成獅子小姐啦！

作法 ✻ P.51
設計／製作 ✻ チビロビン
尺寸 ✻ 長24cm × 寬12cm
（無鬃毛狀態時・長22cm）

作法 ✳ P.56

設計／製作 ✳ nikomaki*

尺寸 ✳ 長15cm

細嚼慢嚥的松鼠

小不點的松鼠，卻有大大的存在感！
主體以斜紋軟呢風格布料製作而成，
鈕釦接縫的手腳則能自由地活動。
手捧小草莓的模樣，
看起來就是個可愛滿點的貪吃小松鼠呢！

21

好朋友三人組

迷你尺寸的小熊．兔子．貓咪。
主體作法相同，只要調整尾巴＆臉部表情即可作出變化的立體布偶。
感情很好的三個好朋友，放學後常常一起出去玩唷！

作法 ✳ P.58
設計／製作 ✳ さぼさぼ
尺寸 ✳ 22…長12cm
　　　　 23…長15.5cm
　　　　 24…長13cm

活動式的手腳設計，可以擺出很多姿勢！

後側緊緊地繫上
蝴蝶結作為裝飾。

25

刺蝟先生

ᵒ ᵒ ᵒ ᵒ ᵒ ᵒ ᵒ ᵒ ᵒ ᵒ ᵒ ᵒ ᵒ ᵒ ᵒ ᵒ ᵒ ᵒ ᵒ

清爽的藍色刺蝟先生。

身上的刺是將不織布剪成三角形後，平均地裝飾上去。

小小的鼻子＆可愛的眼睛最吸引人了！

作法 ✳ P.60

設計／製作 ✳ チヒロビン

尺寸 ✳ 長18.5cm × 寬26cm

背面的模樣

博美狗狗

以鬆餅布製作的博美狗。

胖嘟嘟的模樣，讓人忍不住想抱一抱。

請享受為他換上不同顏色領巾的樂趣吧！

26

作法 ✳ P.60

設計／製作 ✳ チビロビン

尺寸 ✳ 長23.5cm × 寬19cm

丸子頭少女

散發出復古氛圍的女孩子們，
丸子頭是以毛線製作的充滿魅力的毛絨球。
再將連身蓬蓬裙點綴上蕾絲或緞帶，
少女風布偶完成了！

(27)

(28)

作法 ✳ P.28
設計／製作 ✳ チビロビン
尺寸 ✳ 27…長26.5cm × 寬15cm
　　　　28…長24.5cm × 寬15cm

背面的模樣

紅格子兔先生

在自然色系的身體上，
有著顯眼紅格子的兔子先生。
背面的丸子尾巴也使用了相同的布料。

作法 ✳ P.64
設計／製作 ✳ 澤村藍
尺寸 ✳ 長27cm × 寬15.5cm

作法 ✱ P.64
設計／製作 ✱ 澤村藍
尺寸 ✱ 長25cm × 寬15.5cm

背面的模樣

30

點點圍兜熊

變化作品 29 的耳朵＆繫上圍兜，有著天真無邪表情的小熊先生登場！
補丁腮紅＆嘴部都是以手縫裝飾的設計。

27　28

材料（1 隻）

A 布（棉布／米色）50cm 寬 10cm
B 布（no. 27・棉布／綠色點點）40cm 寬 15cm
B 布（no. 28・棉布／粉紅色點點）35cm 寬 15cm
C 布（棉布／黃底印花・褐色）30cm 寬 15cm
D 布（no. 28・棉布／印花）20cm 寬 10cm
中細毛線（no. 27・黃色）約 4g
中細毛線（no. 28・褐色）約 8g
25 號繡線（粉紅色）
蕾絲 A 3.5cm 寬 6cm
蕾絲 B（皺褶蕾絲）5cm 寬 15cm
水兵帶 0.5cm 寬 30cm
珍珠串珠 直徑 0.4cm 2 個
緞帶（no. 27）1cm 寬 20cm
緞帶（no. 28）0.5cm 寬 30cm
手工藝棉花 約 41g
厚紙板
紙
布用印台（褐色・白色）
布用筆（褐色）
手藝用白膠

關於原寸紙型

◆原寸紙型：參見 B 面 27・28
使用部件：瀏海・眼白・眼珠・臉
頭・手・衣服・裙子・腳

＊刺繡皆使用 25 號繡線。
＊除了特別指定的部分之外，皆取與布料相同顏色的縫線
進行縫製。
＊刺繡方法參見 P.33。

紙型

◯ ＝原寸紙型

褶襉　瀏海
（C布
厚紙板・各1片）

以布用筆畫上眼睫毛。

加上以布用印章蓋印的眼白・眼珠。

直針繡（粉紅色・2股）

衣服固定位置

臉（↕・A布・1片）

眼白 ◯◯　黑眼珠 ●●
（將紙片剪空小圓洞）　（將紙片剪空小圓洞）

褶襉　頭
（C布・1片）

衣服固定位置

手
（A布・4片）
※左右對稱各2片。

衣服
（no. 27・B布　no. 28・D布・各2片）
手固定位置　手固定位置
蕾絲A固定位置（僅前片）

蕾絲B固定位置（僅前片）
4
側幅　側幅
腳固定位置　水兵帶固定位置

裙子
（↕・B布・2片）

腳
（A布・4片）
※左右對稱各2片。
外側　內側

布偶尺寸

no. 27

約 26.5 cm

no. 28

約 24.5 cm

作法

始縫＆止縫處皆以回針縫加強固定。

1 製作手・腳。

②修剪縫份。
①車縫。
0.3 cm
腳（背面）　腳（正面）

①翻回正面。
②填入手工藝棉花（將手工藝棉花填至記號位置）
腳（正面）

※手作法亦同。

2 製作瀏海。

瀏海（背面）
依瀏海完成線剪下的厚紙板
在曲線處剪牙口。

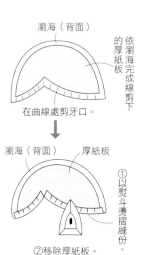
瀏海（背面）　厚紙板
①以熨斗燙摺縫份。
②移除厚紙板。

3 接縫瀏海＆頭部。

瀏海（正面）
臉部（正面）
以立針縫縫合。

4 縫製褶襉。

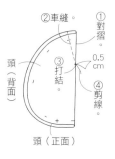
②車縫。　①對摺。
0.5 cm
③打結
頭（背面）　④剪線
頭（正面）

※瀏海的褶襉作法亦同。

5 加上眼睛。

※眼珠作法亦同。

約5cm／紙／約5cm

若有以剪刀剪開切口，以透明膠帶的重新黏合。

剪出眼白大小的圓孔。

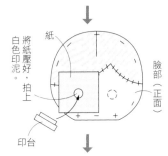

將白色印泥壓好，拍上

紙／臉部（正面）／印台

②以布用筆畫上眼睫毛。

①自眼白中央稍微錯位，拍上褐色印泥加上眼珠。

臉部（正面）

6 製作嘴巴。

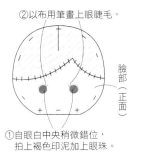

臉部（正面）

②以少許白膠，固定微彎的曲線。

①鬆鬆地繡1針。

7 縫上蕾絲＆緞帶。

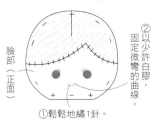

蕾絲A（正面）

0.5cm／0.5cm／衣服（正面）

車縫。

0.3cm

①暫時車縫固定。

蕾絲B（正面）／裙子（正面）

②車縫。／水兵帶（正面）

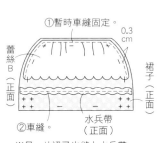

※另一片裙子也縫上水兵帶。

8 接縫衣服＆裙子。

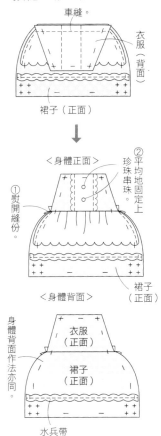

車縫。／衣服（背面）／裙子（正面）

＜身體正面＞

①熨開縫份。

②平均地固定上珍珠串珠。

＜身體背面＞

裙子（正面）

身體背面作法亦同。

衣服（正面）／裙子（正面）

水兵帶

9 接縫臉部＆身體正面。

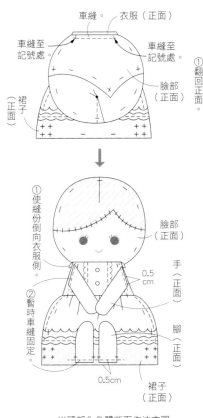

車縫。／衣服（正面）

車縫至記號處。／車縫至記號處。

裙子（正面）／臉部（正面）

①使縫份倒向衣服側。

②暫時車縫固定。

手（正面）／0.5cm／腳（正面）／裙子（正面）

0.5cm／裙子（正面）

※頭部＆身體背面作法亦同。

10 縫合身體。

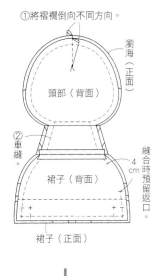

①將褶襉倒向不同方向。

瀏海（正面）／頭部（背面）

②車縫。／裙子（背面）／4cm／縫合時預留返口。

裙子（正面）

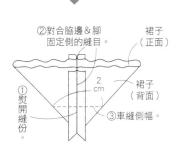

②對合脅邊＆腳固定側的縫目。

①熨開縫份。／裙子（正面）

2cm／裙子（背面）

③車縫側幅。

瀏海（正面）

①翻回正面。／②填入手工藝棉花。／③返口藏針縫。

11 將緞帶打結。

no. 27

4.5cm

將緞帶打成蝴蝶結。

no. 28

3.5cm

將緞帶打成蝴蝶結。

※no.28製作2個。

12 製作＆縫上毛絨球，完成！

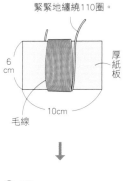

緊緊地纏繞110圈。

6cm／10cm／厚紙板／毛線

②將上下線圈剪開。

①移開厚紙板，以毛線在中央緊緊地打結。

②修剪邊端，整理形狀。

約4cm

※no.28製作2個。

no. 27

①縫上毛絨球。

②縫上蝴蝶結。／瀏海（正面）

no. 28

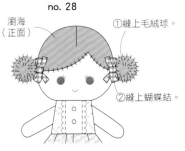

瀏海（正面）

①縫上毛絨球。

②縫上蝴蝶結。

蘑菇靠墊

不同色系的蘑菇靠墊，
大小適中的尺寸在稍微偷閒的時刻使用剛剛好！
選用活潑的顏色，只是放在房間裡就能讓整個空間更加明亮。

作法 ✳ P.66
設計／製作 ✳ チビロビン
尺寸 ✳ 31…長25cm × 寬25cm
　　　 32…長28cm × 寬30cm

31　　　　　　　　　　　　　　　　　32

前側＆後側使用不同的布料。
紅色蘑菇比黃色蘑菇的尺寸
更大上一號。

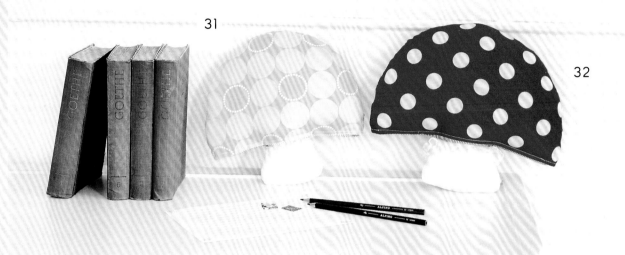

31

32

想要喘口氣時，
是非常療癒的小物唷！

色彩鮮豔的獅子靠墊

被色彩鮮豔的三角獅子鬃毛圍繞，相當有個性的獅子靠墊。
有點呆萌的表情＆抱著很舒服的尺寸，暖心推薦！

33

作法 ✳ P.68
設計／製作 ✳ kazakka
尺寸 ✳ 長43.5cm × 寬48cm

開始製作之前

畫腮紅的方式

腮紅可使用粉蠟筆的粉末、化妝品的腮紅、眼影等，以棉花棒沾附暈染即可丟棄。使用色鉛筆時，則可直接畫上。

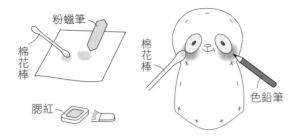

粉蠟筆
棉花棒
腮紅
棉花棒
色鉛筆

縫製的訣竅

作法頁面的縫合指示為基本的「車縫」。小小的部件或難以車縫的情況，建議「手縫」比較容易。

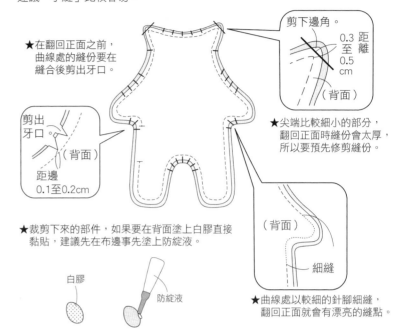

★在翻回正面之前，曲線處的縫份要在縫合後剪出牙口。

剪下邊角。
0.3至0.5cm 距離
（背面）

剪出牙口
（背面）
距邊 0.1至0.2cm

★尖端比較細小的部分，翻回正面時縫份會太厚，所以要預先修剪縫份。

★裁剪下來的部件，如果要在背面塗上白膠直接黏貼，建議先在布邊事先塗上防綻液。

白膠
防綻液

（背面）
細縫

★曲線處以較細的針腳細縫，翻回正面就會有漂亮的縫點。

棉花的填入方式

手工藝棉花

以筷子或竹籤等細長棒狀的物品，慢慢地填入棉花。（棉花請稍微鬆開後再填入）

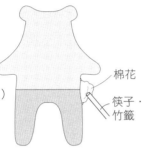

棉花
筷子・竹籤

基本手縫

藏針縫
主要應用於返口的縫合。

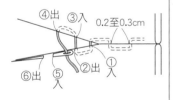

④出 ③入 0.2至0.3cm
⑥出 ⑤入 ②出 ①入

立針縫
布料重疊時可應用的縫法。

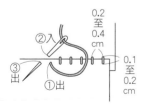

②入 0.2至0.4cm
③出 0.1至0.2cm
①出

平針縫
手縫時的基本縫法。

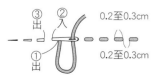

③出 ②入 0.2至0.3cm
①入
0.2至0.3cm

25號繡線的使用方式

25號繡線是以6股細線捻合成1條。

剪下方便使用的長度。

一次拉出多股時，線可能會纏繞在一起，因此請務必1股1股地拉出。

<例>直針繡（紅色・2股）
顏色　使用○股繡線

「○股」意指……
指定縫製時，取幾股縫線合在一起穿針後使用。

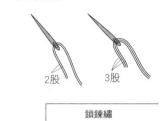
2股　3股

刺繡的方式

回針繡
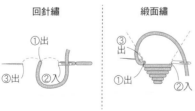
①出 ③出 ②入

緞面繡
③出 ①出 ②入

直針繡
②入 ③出 ①出

輪廓繡
①出 ③出 ②入 ①出

鎖鍊繡

③入 ①出 ②入
⑤出 ③ ④入

法式結粒繡
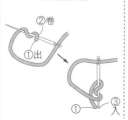
②卷 ①出 ③入

毛邊繡
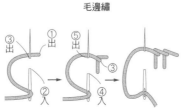
③ ① ⑤ ③
② ④

雙十字繡
④入 ⑥入 ②入
①出 ③出
⑤出 ⑦出 ⑧入

平針繡

③出 ②入 ①出

33

1 決定要製作的作品

①決定要製作的作品之後翻開作法頁面,確認紙型是在A面或B面。

作品編號

原寸紙型頁面

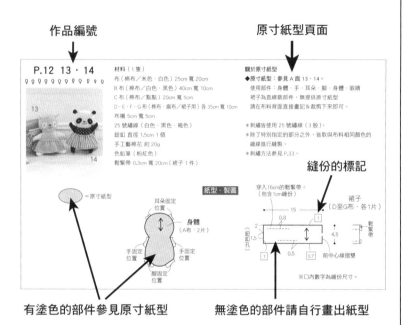

P.12 13 · 14

材料(1隻)
布(棉布/米色·白色)25cm寬20cm
B布(棉布/白色·黑色)40cm寬10cm
C布(棉布/點點)20cm寬5cm
D·E·F·G布(棉布·麻布/裙子用)各35cm寬10cm
布襯 5cm寬5cm
25號繡線(白色·黑色·褐色)
鈕釦 直徑1.5cm 1個
手工藝棉花 約20g
色鉛筆(粉紅色)
鬆緊帶 0.3cm寬20cm(裙子1件)

關於原寸紙型
◆原寸紙型:參見A面13·14。
使用部件:身體·手·耳朵·腳·身體·眼睛
裙子為直線裁剪部件,無提供原寸紙型
請在布料背面直接畫記&裁剪下來即可。

＊刺繡皆使用25號繡線(3股)。
＊除了特別指定的部分之外,皆取與布料相同顏色的縫線進行縫製。
＊刺繡方法參見P.33。

縫份的標記

= 原寸紙型

紙型·製圖

穿入16cm的鬆緊帶。(包含1cm縫份)

身體
(A布:2片)

耳朵固定位置

手固定位置

腳固定位置

裙子
(D至G布·各1片)

鈕釦孔

前中心線摺雙

※口內數字為縫份尺寸。

有塗色的部件參見原寸紙型

無塗色的部件請自行畫出紙型

●製圖皆未包含縫份。
口內數字為縫份尺寸。
請加上指定的縫份後,將布裁剪下來。

②打開①確認的作品紙型面。在原寸紙型清單表中,核對決定製作作品編號的紙型線、顏色、紙型數量等,找出所需的部件。

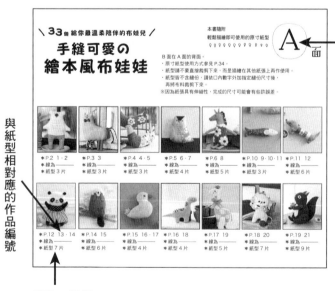

\ 33個 給你最溫柔陪伴的布娃兒 /
手縫可愛の繪本風布娃娃

本書隨附
輕鬆描繪即可使用的原寸紙型

A面

B面在A面的背面。
·原寸紙型使用方式參見P.34。
·原寸紙型不要直接裁剪下來,而是描繪在其他紙張上再作使用。
·紙型皆不含縫份,請依口內數字外加指定縫份尺寸後,再將布料裁剪下來。
※因為紙張具有伸縮性,完成的尺寸可能會有些許誤差。

＊P.2 1·2 ＊線為 ＊紙型3片
＊P.3 3 ＊線為 ＊紙型3片
＊P.4 4·5 ＊線為 ＊紙型3片
＊P.5 6·7 ＊線為 ＊紙型4片
＊P.6 8 ＊線為 ＊紙型5片
＊P.10 9·10·11 ＊線為 ＊紙型3片
＊P.11 12 ＊線為 ＊紙型6片

＊P.12 13·14 ＊線為 ＊紙型7片
＊P.14 15 ＊線為 ＊紙型6片
＊P.15 16·17 ＊線為 ＊紙型4片
＊P.16 18 ＊線為 ＊紙型4片
＊P.17 19 ＊線為 ＊紙型7片
＊P.18 20 ＊線為 ＊紙型7片
＊P.19 21 ＊線為 ＊紙型9片

與紙型相對應的作品編號

原寸紙型頁面

顏色·數量

●將本書隨附原寸紙型沿裁切線裁剪下來,在大張的桌子或地板上展開。
●B面印刷在A面的背面。

紙型線的讀法

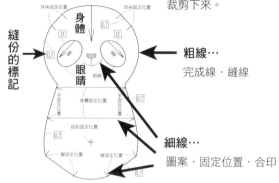

身體
耳朵固定位置
0.7
0
眼睛
前側
手固定位置
身體固定位置
鈕釦固定位置
腳固定位置
0.7

縫份的標記

●原寸紙型皆不含縫份,請依口內數字外加指定縫份尺寸後,再將布料裁剪下來。

粗線…
完成線·縫線

細線…
圖案·固定位置·合印

2 將紙型描繪在其他的紙張上

●紙型請描繪在其他的紙張上作使用。描繪方式有下列兩種,可以選擇其中一種方式作描繪。

●描好紙型之後,確認所有部件已全數備齊,再以剪紙剪刀將紙型裁剪下來。

以不透光紙張描繪

在不透光紙張上疊放紙型,中間夾入複寫紙,再以波浪點線器將紙型的線條描繪複寫下來。

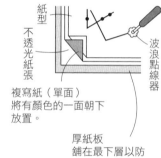

紙型
不透光紙張
波浪點線器

複寫紙(單面)
將有顏色的一面朝下放置。

厚紙板
舖在最下層以防傷到桌面。

以透光紙張描繪

在紙型上放置透光紙張(描圖紙等),以鉛筆進行描繪。

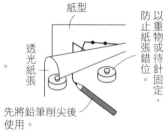

紙型
透光紙張
以重物或待針固定,防止紙張錯位。

先將鉛筆削尖後使用。

描繪紙型的必備物品

●描繪紙型的紙張、厚紙板、複寫紙(布用複寫紙)、重物(紙鎮)、固定針、鉛筆、方眼定規尺、波浪點線器。

描繪紙型的注意事項

●為了防止描繪紙張與複寫紙錯位,需以重物(紙鎮)或待針固定。

●一定要將合印、固定位置、布紋等寫上,最後再將各部件的「名稱」標記清楚喔!

3 外加縫份後，將紙型裁剪下來

● 紙型皆不含縫份，請參見裁布圖上的縫份指示，自行外加縫份。
● 外加的縫份線應與完成線平行。
● 描好紙型之後，確認所有部件已全數備齊，再以剪紙剪刀將紙型裁剪下來。

4 將紙型放在布料上

● 盡可能在寬廣的地方將布料展開，留意紙型、布紋的方向等，在布料上配置紙型。（若布料變形得太過嚴重，請拉正傾斜的布紋，以熨斗整燙。）

5 裁剪布料

● 為了防止紙型移動，以待針在四周稍作固定。

不織布或小部件的畫記&裁剪方式

由於不織布沒有布紋的問題，請多想辦法不浪費地裁剪吧！

作法A

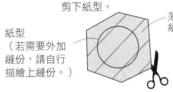

完成線
（若需要外加縫份，請自行描繪上縫份。）

紙型

❶ 將紙型裁剪下來。

使用HB或B鉛筆。深色的不織布可使用白色複寫筆描繪。

紙型

不織布・布料（背面）

❷ 使用複寫筆或鉛筆在不織布或布料上描繪紙型。

記號

不織布（背面）

❸ 將記號的位置裁剪下來。

作法B

保留周圍的餘白處剪下紙型。

薄紙

紙型
（若需要外加縫份，請自行描繪上縫份。）

❶ 剪下比描繪後的紙型略大的紙張。

不織布・布料（背面）

紙型

透明膠帶

❷ 以透明膠帶貼在不織布或布料上。

將紙型的紙張裁剪下來。

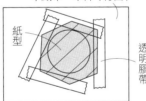

不織布・布料（背面）

❸ 沿著完成線，將紙型的紙張與不織布・布料一起裁剪下來。

不織布的裁剪方式

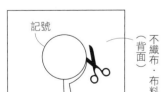

剪刀與不織布側邊呈直角，以剪刀的尖端裁剪下來。

剪刀以直角入刀進行裁剪。

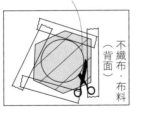

沿線裁剪

紙型描繪的注意事項

● 沒有特別標註「裁切線」標記，即為重疊的部件。在多個部件重疊的情況下，需分別描繪出各部件的紙型。若有固定位置、記號、刺繡……請將各記號或圖案一起描繪上去。

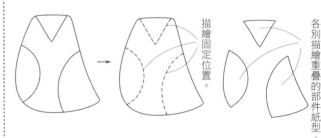

描繪固定位置。

各別描繪重疊的部件紙型。

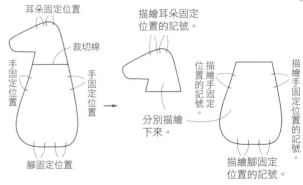

耳朵固定位置

描繪耳朵固定位置的記號。

裁切線

手固定位置

手固定位置

描繪手固定位置的記號。

描繪手固定位置的記號。

腳固定位置

分別描繪下來。

描繪腳固定位置的記號。

● 製作左右對稱的部件時，將紙型翻面後再製作另一片紙型。

將紙型翻面，製作2片。

● 「摺雙」意指將紙型翻面放置，畫出擴展開來的紙型。

摺雙

將紙型往右翻面，畫出擴展的紙型。

P.2 1 · 2

材料（1隻）

A 布（麻布／白色・灰褐色）40cm 寬 15cm
B 布（棉布／橫條紋）30cm 寬 10cm
C 布（麻布／灰色）5cm 寬 5cm
25 號繡線（黑色・灰色・米色）
手縫線（灰色・米色）
手工藝棉花 約 30g
厚紙板

關於原寸紙型

◆原寸紙型：參見 A 面 1・2。
　使用部件：鼻子・身體・褲子

＊刺繡皆使用 25 號繡線（3 股）。
＊除了特別指定的部分之外，皆取與布料相同顏色的縫線
　進行縫製。
＊刺繡方法參見 P.33。

 ＝原寸紙型

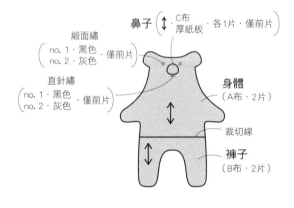

鼻子（↕・C布・各1片・僅前片）
　　　　厚紙板

緞面繡
（no. 1・黑色・僅前片）
（no. 2・灰色）

直針繡
（no. 1・黑色・僅前片）
（no. 2・灰色）

身體
（A布・2片）

裁切線

褲子
（B布・2片）

布偶尺寸

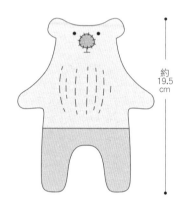

約
19.5
cm

作法

始縫＆止縫處皆以回針縫加強固定。

1 接縫身體＆褲子。

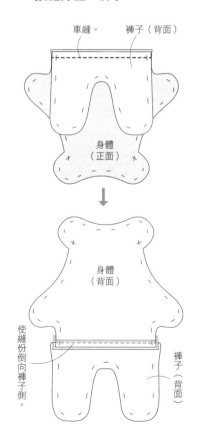

車縫。　　褲子（背面）

身體
（正面）

身體
（背面）

使縫份倒向褲子側。

褲子
（背面）

2 縫合身體。

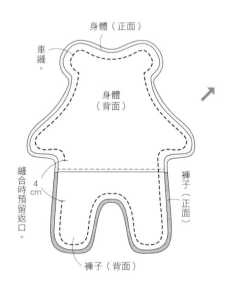

身體（正面）

車縫。

身體
（背面）

縫合時預留返口。

4
cm

褲子
（正面）

褲子
（背面）

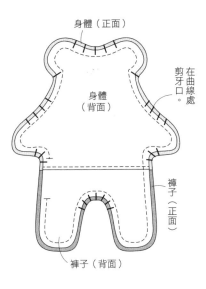

身體（正面）

身體（背面）

身體（背面）

在曲線處剪牙口。

身體（背面）

褲子（正面）

褲子（背面）

4 製作&縫上鼻子。

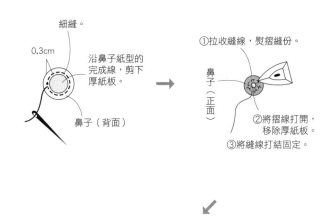

細縫。

0.3cm

沿鼻子紙型的完成線，剪下厚紙板。

鼻子（背面）

①拉收縫線，熨摺縫份。

鼻子（正面）

②將摺線打開，移除厚紙板。

③將縫線打結固定。

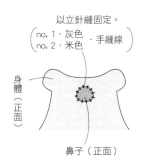

以立針縫固定。

(no. 1．灰色 / no. 2．米色 ．手縫線)

身體（正面）

鼻子（正面）

3 填入棉花。

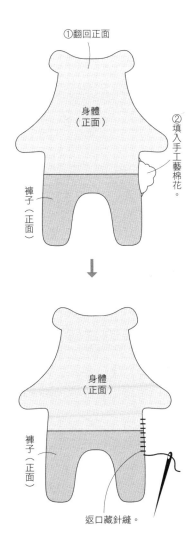

①翻回正面

身體（正面）

②填入手工藝棉花。

褲子（正面）

身體（正面）

褲子（正面）

返口藏針縫。

5 製作臉部表情，完成！

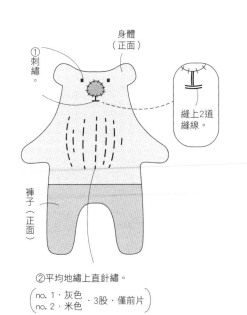

身體（正面）

①刺繡。

縫上2道縫線

褲子（正面）

②平均地繡上直針繡。

(no. 1．灰色 ．3股．僅前片 / no. 2．米色)

材料（1隻）
A 布（亞麻布／米色・粉紅色）35cm 寬 20cm
B 布（棉布／印花・藍色點點）10cm 寬 15cm
C 布（棉布／黃色點點・粉紅色）10cm 寬 15cm
D 布（棉布／褐色）10cm 寬 10cm
25 號繡線（黃色・灰褐色・褐色・白色）
手縫線（白色・淡褐色・綠色・粉紅色・水藍色）
手工藝棉花 約 30g
厚紙板

關於原寸紙型
◆原寸紙型：參見 A 面 6・7。
　使用部件：鼻子・翅膀 A・翅膀 B・身體

＊刺繡皆使用 25 號繡線（3 股）。
＊除了特別指定的部分之外，皆取與布料相同顏色的縫線
　進行縫製。
＊刺繡方法參見 P.33。

紙型

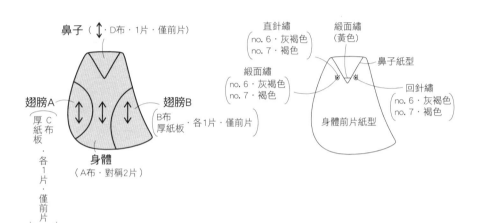

=原寸紙型

布偶尺寸

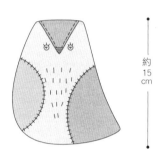

鼻子（↕・D布・1片・僅前片）

翅膀A（C布・厚紙板・各1片・僅前片）

翅膀B（B布・厚紙板・各1片・僅前片）

身體（A布・對稱2片）

直針繡（no. 6・灰褐色　no. 7・褐色）
綴面繡（黃色）
鼻子紙型
綴面繡（no. 6・灰褐色　no. 7・褐色）
回針繡（no. 6・灰褐色　no. 7・褐色）
身體前片紙型

約 15 cm

作法

始縫＆止縫處皆以回針縫加強固定。

1 製作翅膀B。

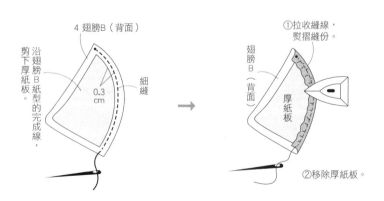

4 翅膀B（背面）
沿翅膀B紙型的完成線，剪下厚紙板。
0.3 cm
細縫

①拉收縫線，熨摺縫份。
翅膀B（背面）
厚紙板
②移除厚紙板。

2 製作翅膀A。

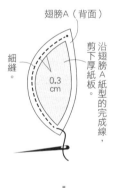

翅膀A（背面）
沿翅膀A紙型的完成線，剪下厚紙板。
細縫
0.3 cm

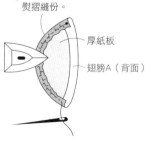

①拉收縫線，熨摺縫份。
厚紙板
翅膀A（背面）
②移除厚紙板。

3 縫上翅膀A‧B。

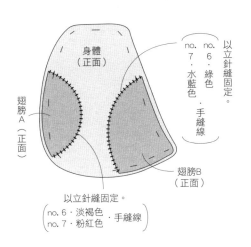

身體（正面）

翅膀A（正面）

以立針縫固定。
(no.6‧淡褐色｜no.7‧粉紅色)‧手縫線

翅膀B（正面）

以立針縫固定。
no.7‧水藍色｜no.6‧綠色‧手縫線

5 縫合身體。

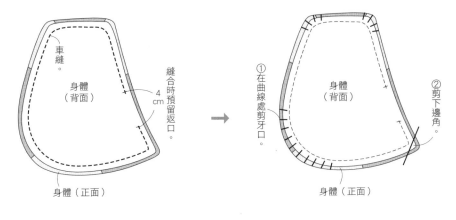

車縫。

身體（背面）

縫合時預留返口。 4cm

身體（正面）

①在曲線處剪牙口。

身體（背面）

②剪下邊角。

身體（正面）

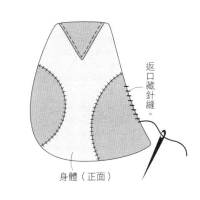

①翻回正面。

②填入手工藝棉花。

身體（正面）

返口藏針縫。

身體（正面）

4 製作鼻子。

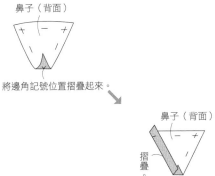

鼻子（背面）

將邊角記號位置摺疊起來。

鼻子（背面）

摺疊。

鼻子（背面）

摺疊。

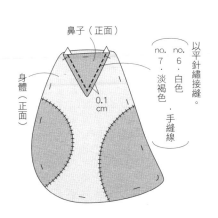

鼻子（正面）

0.1cm

身體（正面）

身體（正面）

以平針繡接縫。
(no.7‧淡褐色｜no.6‧白色)‧手縫線

6 製作臉部表情。

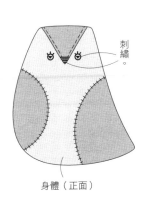

刺繡。

身體（正面）

7 在身體上刺繡，完成！

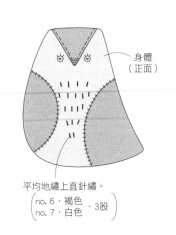

身體（正面）

平均地繡上直針繡。
(no.6‧褐色｜no.7‧白色)‧3股

P.6 8

材料
A 布（麻布／灰褐色）65cm 寬 15cm
B 布（棉布／綠底大花）30cm 寬 15cm
C 布（棉布／點點）10cm 寬 5cm
25 號繡線（灰褐色・深褐色）
蕾絲 1.2cm 寬 20cm
手工藝棉花 約 33g

 ＝原寸紙型

關於原寸紙型
◆原寸紙型：參見 A 面 8。
　使用部件：耳朵・手・頭・身體・腳

＊刺繡皆使用 25 號繡線（灰褐色・3 股）。
＊除了特別指定的部分之外，皆取與布料相同顏色的縫線
　進行縫製。
＊刺繡方法參見 P.33。

紙型

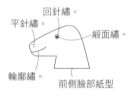

回針繡。
平針繡。
緞面繡。
輪廓繡。
前側臉部紙型

耳朵

（A 布・C 布・對稱各 2 片）
a

作法

始縫 & 止縫處皆以回針縫加強固定。

1 接縫頭 & 身體。

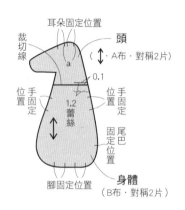

手
（A 布・4 片）
※左右對稱各 2 片。

耳朵固定位置
裁切線
耳朵固定位置
頭
（A 布・對稱 2 片）
a
0.1
手固定位置
手固定位置
1.2 蕾絲
尾巴固定位置
固定位置
腳固定位置
身體
（B 布・對稱 2 片）

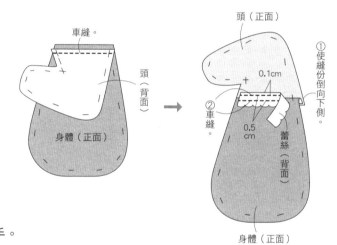

車縫。
身體（正面）
頭（背面）
頭（正面）
①使縫份倒向下側。
0.1cm
②車縫。
0.5 cm
蕾絲（背面）
身體（正面）

腳
（A 布・4 片）
※左右對稱各 2 片。

2 製作手。

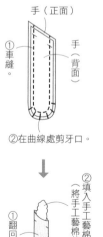

手（正面）
①車縫。
手（背面）
②在曲線處剪牙口。

①翻回正面。
②填入手工藝棉花。（將手工藝棉花填至記號位置）
手（正面）

3 製作腳。

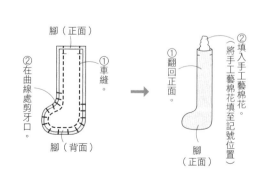

腳（正面）
①車縫。
②在曲線處剪牙口。
腳（背面）

①翻回正面。
②填入手工藝棉花。（將手工藝棉花填至記號位置）
腳（正面）

布偶尺寸

約 27.5 cm

4 製作耳朵。

②在曲線處剪牙口。

①車縫。

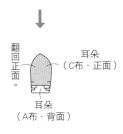

耳朵（A布・背面）

耳朵（C布・正面）

翻回正面。

耳朵（C布・正面）

耳朵（A布・背面）

①將a的位置摺疊起來。

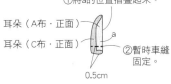

耳朵（A布・正面）

耳朵（C布・正面）

②暫時車縫固定。

0.5cm

5 製作尾巴。

②將9條一起打結。

①剪下長20cm的繡線9條。（深茶色・各6股）

②3條為1股，共分成3股。

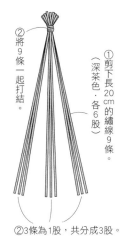

①以三股編編成辮子狀。

②將9條一起打結。

4cm

3.5cm

③剪去多餘的部分。

6 縫上 手・腳・尾巴。

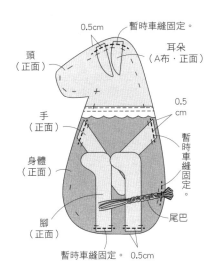

0.5cm

暫時車縫固定。

頭（正面）

耳朵（A布・正面）

手（正面）

0.5cm

身體（正面）

暫時車縫固定。

腳（正面）

尾巴

暫時車縫固定。 0.5cm

7 縫合身體。

頭（背面）

頭（正面）

①車縫。

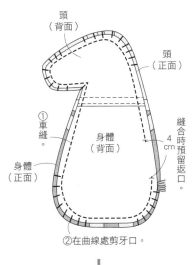

身體（背面）

身體（正面）

縫合時預留返口。

4cm

②在曲線處剪牙口。

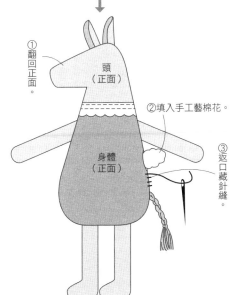

①翻回正面。

頭（正面）

②填入手工藝棉花。

身體（正面）

③返口藏針縫。

8 製作鬃毛，完成！

頭（正面）

0.5cm

間距0.1cm

長50cm繡線深褐色・6股鬃毛2條

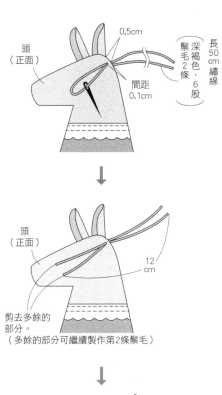

頭（正面）

12cm

剪去多餘的部分。（多餘的部分可繼續製作第2條鬃毛）

頭（正面）

將4條一起打結。

①間隔0.5cm，製作相同的13條。

頭（正面）

0.5cm

②剪齊。

1.5cm

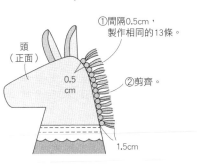

刺繡。

頭（正面）

P.11 12

材料

A 布（羊毛布／褐色）60cm 寬 20cm
B・D・E 布（棉布／印花圖案）各 10cm 寬 10cm
C 布（棉布／印花圖案）30cm 寬 10cm
不織布（白色・褐色）各 5cm × 5cm
絨球 直徑 1cm 1 個
25 號繡線（褐色・白色）
手工藝棉花 約 48g

關於原寸紙型

◆原寸紙型：參見 A 面 12。
　使用部件：眼白・眼珠・耳朵，身體前段・身體後段
　　　　　　身體中段

＊除了特別指定的部分之外，皆取與布料相同顏色的縫線
　進行縫製。

紙型　 ＝原寸紙型

眼珠
（不織布・黑色・2片）

眼白
（不織布・白色・2片）

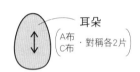

耳朵
A布
C布・對稱各2片

身體前段
A布・對稱2片）

絨球
固定位置

耳朵
固定位置

眼白
固定位置

身體後段
（A布・對稱2片）

身體中段
（B・C・D・E布・各2片）

作法

始縫&止縫處皆以回針縫加強固定。

1 縫製眼睛。

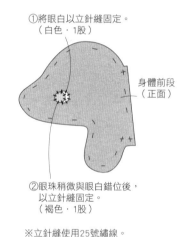

①將眼白以立針縫固定。
（白色・1股）

身體前段
（正面）

②眼珠稍微與眼白錯位後，
以立針縫固定。
（褐色・1股）

※立針縫使用25號繡線。

布偶尺寸

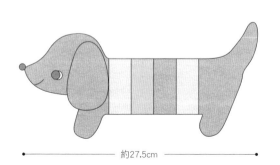

約27.5cm

2 製作身體中段。

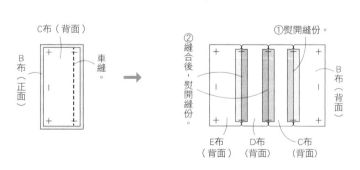

C布（背面）

B布
（正面）

車縫。

①熨開縫份。

②縫合後，熨開縫份。

B布
（背面）

E布
（背面）

D布
（背面）

C布
（背面）

3 接縫身體前段・中段・後段。

4 縫合身體。

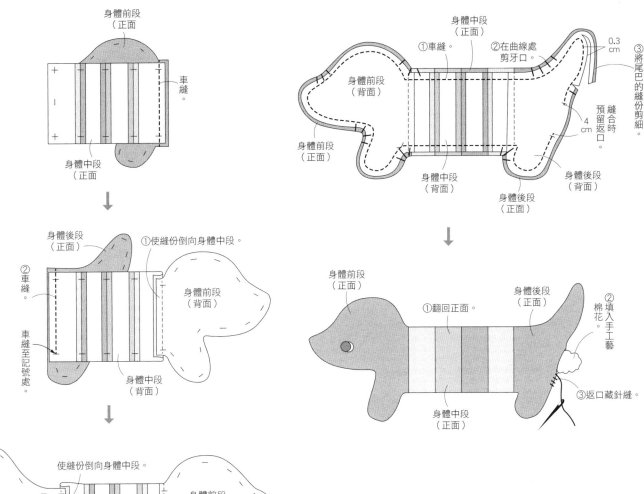

身體前段
（正面）

身體中段
（正面）

車縫。

身體中段
（正面

①使縫份倒向身體中段。

身體後段
（正面）

身體前段
（背面）

②車縫。

車縫至記號處。

身體中段
（背面）

使縫份倒向身體中段。

身體前段
（背面）

身體後段
（背面）

身體中段
（背面）

身體中段
（正面）

①車縫。

身體前段
（背面）

②在曲線處剪牙口。

身體中段
（背面）

身體後段
（正面）

身體後段
（背面）

0.3 cm

③將尾巴的縫份剪細。

縫合時預留返口。

4 cm

身體前段
（正面）

①翻回正面。

身體後段
（正面）

②填入手工藝棉花。

身體中段
（正面）

③返口藏針縫。

5 製作耳朵。

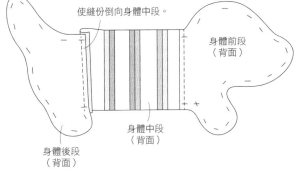

耳朵
（A布・正面）

耳朵
（A布・正面）

①翻回正面。

②返口藏針縫。

縫合時預留返口。

4 cm

耳朵
（C布・背面）

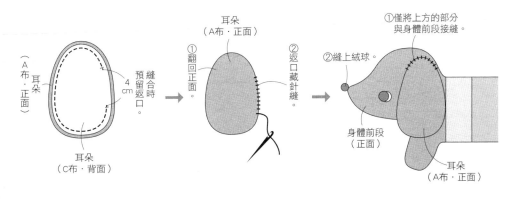

①僅將上方的部分與身體前段接縫。

②縫上絨球。

身體前段
（正面）

耳朵
（A布・正面）

6 製作臉部表情，完成！

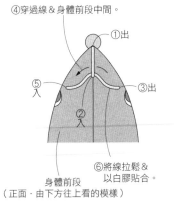

④穿過線&身體前段中間。

①出

⑤入

③出

②入

⑥將線拉鬆&以白膠貼合。

身體前段
（正面・由下方往上看的模樣）

※取2股褐色25號繡線，視整體平衡進行刺繡。

P.12 13·14

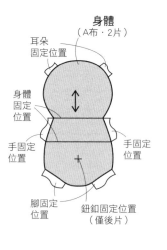

13

14

材料（1隻）

A布（棉布／米色·白色）25cm 寬 20cm
B布（棉布／白色·黑色）40cm 寬 10cm
C布（棉布／點點）20cm 寬 5cm
D·E·F·G布（棉布·麻布／裙子用）各 35cm 寬 10cm
布襯 5cm 寬 5cm
25 號繡線（白色·黑色·褐色）
鈕釦 直徑 1.5cm 1 個
手工藝棉花 約 20g
色鉛筆（粉紅色）
鬆緊帶 0.3cm 寬 20cm（裙子 1 件）

關於原寸紙型

◆原寸紙型：參見 A 面 13·14。
　使用部件：身體·手·耳朵·腳·身體·眼睛
　裙子為直線裁部件，無提供原寸紙型，
　請在布料背面直接畫記 & 裁剪下來即可。

*刺繡皆使用 25 號繡線（3 股）。
*除了特別指定的部分之外，皆取與布料相同顏色的縫線
　進行縫製。
*刺繡方法參見 P.33。

⬯ ＝原寸紙型

紙型·製圖

身體
（A布·2片）

耳朵
固定位置
身體
固定
位置
手固定
位置
手固定
位置
腳固定
位置
鈕釦固定位置
（僅後片）

手
（↔·B布·4片）
※左右對稱各2片。

腳
（↕·B布·4片）
※左右對稱各2片。

耳朵
（↕·B布·4片）
※左右對稱各2片。

山摺線

0.1

0.1

身體
（↕·C布·2片）

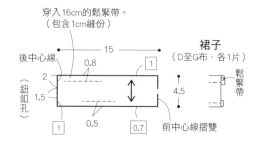

穿入16cm的鬆緊帶。
（包含1cm縫份）

後中心線

裙子
（D至G布·各1片）

鬆緊帶

15

0.8

2
1.5

1

鈕釦孔

1

0.5

0.7

前中心線摺雙

4.5

※口內數字為縫份尺寸。

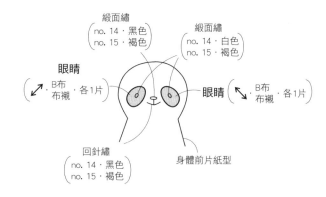

緞面繡
（no. 14·黑色
no. 15·褐色）

緞面繡
（no. 14·白色
no. 15·褐色）

眼睛
（↗·B布·布襯·各1片）

眼睛
（↖·B布·布襯·各1片）

回針繡
（no. 14·黑色
no. 15·褐色）

身體前片紙型

布偶尺寸

no. 13

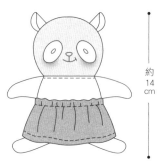

約
14
cm

no. 14

約
14
cm

作法

始縫 & 止縫處皆以回針縫加強固定。

1 縫製臉部 & 身體。

貼上布襯。

眼睛（背面）

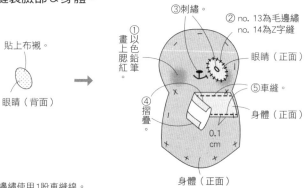

①畫上色鉛筆腮紅。

②no. 13為毛邊繡
no. 14為Z字縫

③刺繡。

眼睛（正面）

④摺疊。

⑤車縫。

身體（正面）

0.1
cm

身體（正面）

※no. 13毛邊繡使用1股車縫線。
※再製作1片身體。

44

2 製作耳朵。

耳朵（正面）　車縫。
耳朵（背面）

翻回正面。

耳朵（正面）
耳朵（背面）

耳朵（正面）　沿山摺線摺疊。

3 製作手&腳。

手（正面）　車縫。
手（背面）

②填入手工藝棉花。
（將手工藝棉花填至記號位置）

手（正面）　①翻回正面。

※腳作法亦同。

4 固定手·腳·耳朵。

no. 13

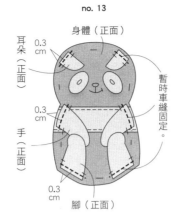

耳朵（正面）　0.3cm　身體（正面）
0.3cm　手（正面）　暫時車縫固定。
0.3cm　腳（正面）

no. 14

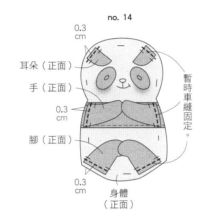

0.3cm
耳朵（正面）
手（正面）　暫時車縫固定。
0.3cm
腳（正面）
0.3cm
身體（正面）

5 縫合身體。

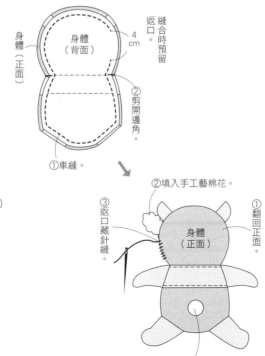

身體（正面）　身體（背面）　縫合時預留返口　4cm
②剪開邊角。
①車縫。

②填入手工藝棉花。
③返口藏針縫　身體（正面）　①翻回正面。
④縫上鈕釦。

※no. 13、no. 14作法相同。

6 製作裙子，完成！

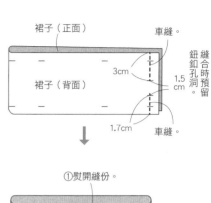

裙子（正面）　車縫。　縫合時預留鈕釦孔洞。
裙子（背面）　3cm　1.5cm
1.7cm　車縫。

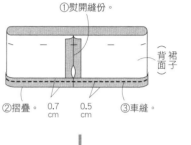

①熨開縫份。
②摺疊。　0.7cm　0.5cm　③車縫。
（背面）裙子

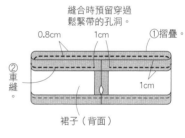

縫合時預留穿過鬆緊帶的孔洞。
0.8cm　1cm　①摺疊。
②車縫。　1cm
裙子（背面）

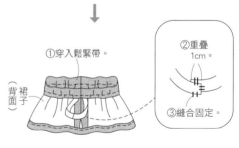

①穿入鬆緊帶。
②重疊1cm。
裙子（背面）　③縫合固定。

正面　裙子　身體（正面）　將作為尾巴的鈕釦，自預留的鈕釦孔中拉出。

※no. 13、no. 14作法相同。

P.14 15

材料

A 布（棉布／褐色）25cm 寬 20cm
B 布（棉麻布／米色）10cm 寬 10cm
C 布（棉布／深褐色）10cm 寬 10cm
布襯 10cm 寬 5cm
25 號繡線（黑色・褐色）
手工藝棉花 約 16g
色鉛筆（粉紅色）

關於原寸紙型

◆原寸紙型：參見 A 面 15。
　使用部件：臉・身體前片・身體後片・尾巴・手

＊刺繡皆使用 25 號繡線（3 股）。
＊除了特別指定的部分之外，皆取與布料相同顏色的縫線
　進行縫製。
＊刺繡方法參見 P.33。

＝原寸紙型

紙型

布偶尺寸

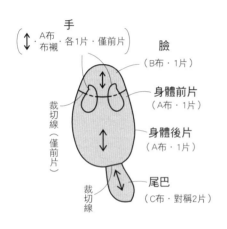

手
（・A布　各1片・僅前片）
（・布襯）

裁切線（僅前片）

裁切線

臉
（B布・1片）

身體前片
（A布・1片）

身體後片
（A布・1片）

尾巴
（C布・對稱2片）

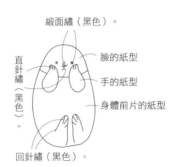

緞面繡（黑色）。

直針繡（黑色）。

回針繡（黑色）。

臉的紙型

手的紙型

身體前片的紙型

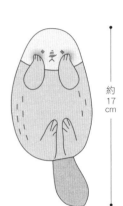

約 17 cm

作法

始縫&止縫處皆以回針縫加強固定。

1 接縫臉&身體前片。

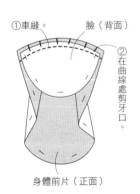

①車縫。

臉（背面）

②在曲線處剪牙口。

身體前片（正面）

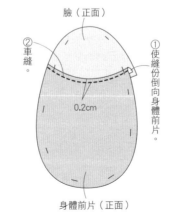

臉（正面）

②車縫。

①使縫份倒向身體前片。

0.2cm

身體前片（正面）

2 刺繡。

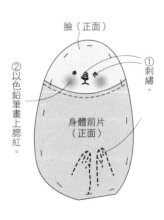

臉（正面）

②以色鉛筆畫上腮紅。

①刺繡。

身體前片（正面）

3 縫上手。

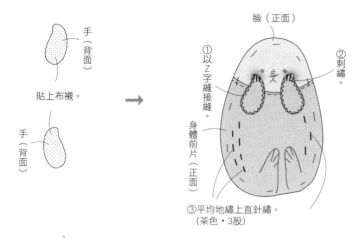

手（背面）

貼上布襯。

手（背面）

臉（正面）

①以Z字縫接縫。

②刺繡。

身體前片（正面）

③平均地繡上直針繡。
（茶色・3股）

5 縫合身體，完成！

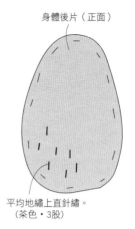

身體後片（正面）

平均地繡上直針繡。
（茶色・3股）

4 製作尾巴。

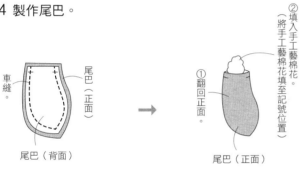

車縫。

尾巴（正面）

尾巴（背面）

②填入手工藝棉花。
（將手工藝棉花填至記號位置）

①翻回正面。

尾巴（正面）

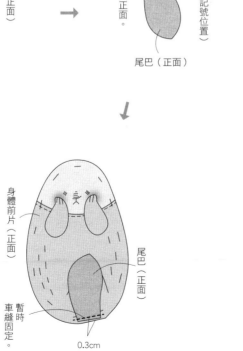

身體前片（正面）

尾巴（正面）

暫時車縫固定。

0.3cm

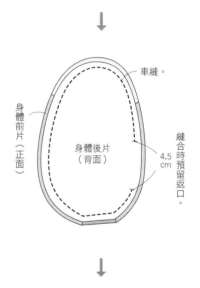

車縫。

身體後片（背面）

身體前片（正面）

4.5cm

縫合時預留返口。

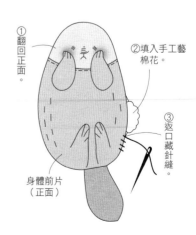

①翻回正面。

②填入手工藝棉花。

③返口藏針縫。

身體前片（正面）

P.15 16・17

16

17

材料（1隻）
A 布（棉麻布／黃色・白色）30cm 寬 15cm
B 布（棉麻布／橘色・黃色）10cm 寬 5cm
不織布（黃色・白色／尾巴用）10cm × 5cm
不織布（朱紅色・黃色／腳用）20cm × 5cm
25 號繡線（褐色・黃色・白色）
緞帶（no. 17）1cm 寬 30cm
手工藝棉花 約 14g
色鉛筆（粉紅色）

關於原寸紙型
◆原寸紙型：參見 A 面 16・17。
　使用部件：鴨嘴・身體・腳 A・腳 B
　尾羽為直線裁部件，無提供原寸紙型，
　請在布料背面直接畫記＆裁剪下來即可。

＊刺繡皆使用 25 號繡線（3 股）。
＊除了特別指定的部分之外，皆取與布料相同顏色的縫線
　進行縫製。
＊刺繡方法參見 P.33。

　　＝原寸紙型

紙型・製圖

鴨嘴
（↕・B 布・對稱 2 片）

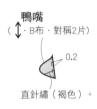
0.2

直針繡（褐色）。

雙十字繡（褐色）。　直針繡（褐色）。

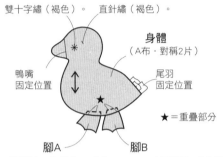

身體
（A 布・對稱 2 片）

鴨嘴
固定位置

尾羽
固定位置

★＝重疊部分

腳 A
no. 16（不織布・朱紅色・2 片）
no. 17（不織布・黃色・2 片）

腳 B
no. 16（不織布・朱紅色・2 片）
no. 17（不織布・黃色・2 片）

1.2
0
3.5
0

尾羽
no. 16（不織布・黃色・4 片）
no. 17（不織布・白色・4 片）

※口內數字為縫份尺寸。

布偶尺寸

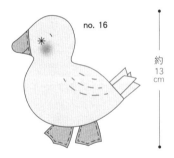
no. 16
約 13 cm

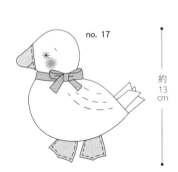
no. 17
約 13 cm

※腳 A・腳 B 的用布，
　先粗略裁剪下來即可。
　（不要沿著完成線裁剪，而是
　在周圍稍微留白地進行裁剪。）

作法
始縫＆止縫處皆以回針縫加強固定。

1 縫上鴨嘴。

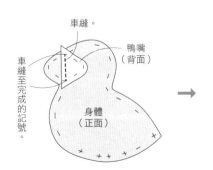

車縫。

鴨嘴
（背面）

車縫至完成的記號。

身體
（正面）

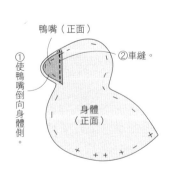

鴨嘴（正面）

②車縫。

①使鴨嘴倒向身體側。

身體
（正面）

2 製作臉部表情。

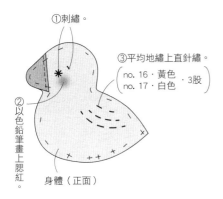

①刺繡。

③平均地繡上直針繡。
（no. 16・黃色 ・3股
no. 17・白色）

②以色鉛筆畫上腮紅。

身體（正面）

4 縫上腳＆尾羽。

尾羽

4片稍微錯開，相互重疊。

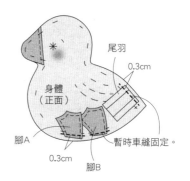

尾羽

0.3cm

身體（正面）

腳A

0.3cm

腳B

暫時車縫固定。

6 完成嘴部刺繡。

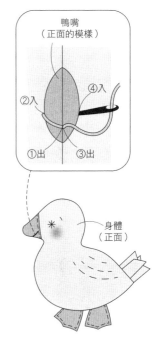

鴨嘴（正面的模樣）

②入　④入

①出　③出

身體（正面）

5 縫合身體。

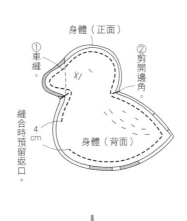

身體（正面）

①車縫。

②剪開邊角。

縫合時預留返口。

4cm

身體（背面）

3 製作腳。

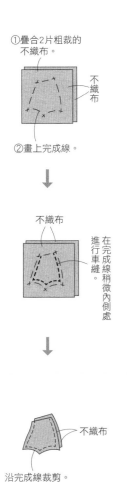

①疊合2片粗裁的不織布。

不織布

②畫上完成線。

不織布

在完成線稍微內側處進行車縫。

不織布

沿完成線裁剪。

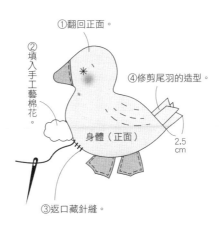

①翻回正面。

②填入手工藝棉花。

④修剪尾羽的造型。

身體（正面）

③返口藏針縫。

2.5cm

7 打上蝴蝶結，完成（no. 17）！

將30cm的緞帶打成蝴蝶結。

身體（正面）

P.16 18

材料
A 布（棉麻布／米色）25cm 寬 20cm
B 布（棉布／印花）25cm 寬 20cm
C・D・E 布（棉布／印花）5cm 寬 5cm
25 號繡線（褐色）
手工藝棉花 約 21g
厚紙板
色鉛筆（粉紅色）

關於原寸紙型
◆原寸紙型：參見 A 面 18。
　使用部件：身體・花紋 a・b・c

＊刺繡皆使用 25 號繡線（褐色・3 股）。
＊除了特別指定的部分之外，皆取與布料相同顏色的縫線進行縫製。
＊刺繡方法參見 P.33。

紙型　⬭ =原寸紙型

布偶尺寸

3 縫合身體。

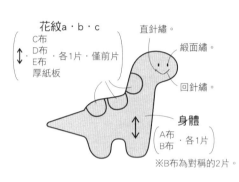

花紋a・b・c
C 布
D 布・各1片・僅前片
E 布
厚紙板

直針繡。
緞面繡。
回針繡。

身體
（A布・各1片
B布・各1片）
※B布為對稱的2片。

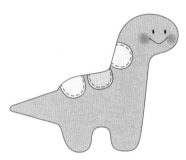

約 15 cm

車縫。
身體（B布・背面）
縫合時預留返口。
5 cm
身體（A布・正面）

②修剪尾巴的縫份。
0.3 cm
身體（B布・背面）
①在曲線處剪牙口。
身體（A布・正面）

作法
始縫＆止縫處皆以回針縫加強固定。

1 製作花紋。

沿花紋紙型的完成線，剪下厚紙板。

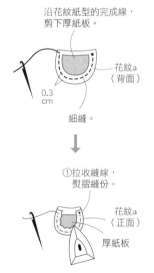

花紋a（背面）
0.3 cm
細縫。

①拉收縫線，熨摺縫份。
花紋a（正面）
厚紙板

②移除厚紙板。

※花紋b・c作法亦同。

2 縫上花紋a・b・c。

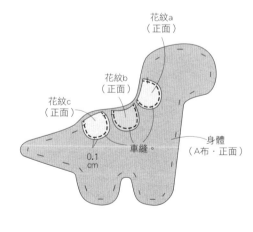

花紋a（正面）
花紋b（正面）
花紋c（正面）
0.1 cm
車縫。
身體（A布・正面）

4 填入棉花，完成！

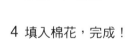
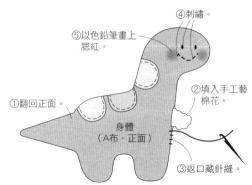

④刺繡。
⑤以色鉛筆畫上腮紅。
②填入手工藝棉花。
①翻回正面。
身體（A布・正面）
③返口藏針縫。

材料
A布（棉布／黃色印花）40cm 寬 25m
B·C布（棉布／印花）45cm 寬 25cm
不織布（褐色·白色）各5cm × 5cm
中細毛線（褐色）約 2g
25 號繡線（深褐色·白色）
圓繩 0.5cm 粗 20cm
押釦 直徑 0.8cm 2 組
手工藝棉花 約 41g
厚紙板

關於原寸紙型
◆原寸紙型：參見 A 面 20。
使用部件：鬃毛前片·鬃毛後片·身體·耳朵·眼白
眼珠·鼻子

＊除了特別指定的部分之外，皆取與布料相同顏色的縫線進行縫製。

紙型

◯ =原寸紙型

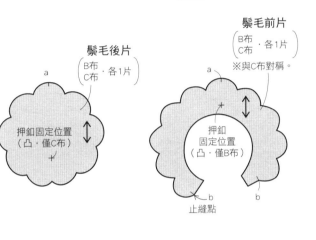

鬃毛後片
（B布
C布·各1片）
a
押釦固定位置
（凸·僅C布）
a

鬃毛前片
（B布
C布·各1片）
※與C布對稱。
a
押釦
固定位置
（凸·僅B布）
b b
止縫點

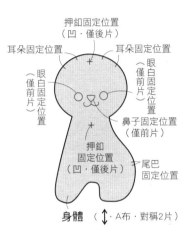

押釦固定位置
（凹·僅後片）
耳朵固定位置　耳朵固定位置
眼白固定位置（僅前片）
眼白固定位置（僅前片）
鼻子固定位置（僅前片）
押釦固定位置
（凹·僅後片）
尾巴固定位置
身體　（↕·A布·對稱2片）

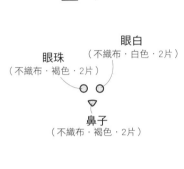

耳朵
（↕·A布·4片）

眼白
（不織布·白色·2片）

眼珠
（不織布·褐色·2片）

鼻子
（不織布·褐色·2片）

布偶尺寸

約
24
cm

作法

始縫&止縫處皆以回針縫加強固定。

1 製作臉部表情。

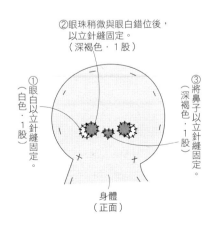

②眼珠稍微與眼白錯位後，
以立針縫固定。
（深褐色·1股）

①眼白以立針縫固定。
（白色·1股）

③將鼻子以立針縫固定
（深褐色·1股）

身體
（正面）

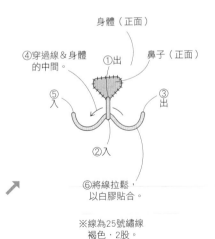

身體（正面）
④穿過線&身體的中間。
鼻子（正面）
①出
⑤入　③出
③
②入
⑥將線拉鬆，
以白膠貼合。

※線為25號繡線
褐色·2股。

＊作法接續P.52。

2 將身體縫上押釦&尾巴。

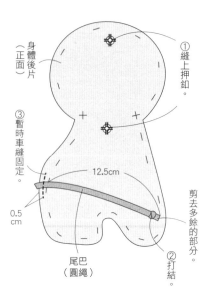

身體後片（正面）

① 縫上押釦。

③ 暫時車縫固定。

12.5cm

0.5cm

尾巴（圓繩）

剪去多餘的部分。

② 打結。

4 製作尾巴前端。

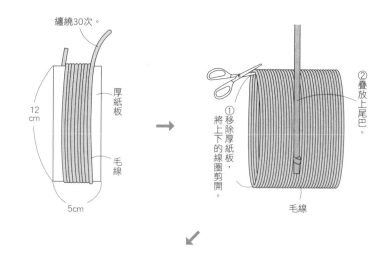

纏繞30次。

12cm

5cm

厚紙板

毛線

① 移除厚紙板，將上下的線圈剪開。

② 疊放上尾巴。

毛線

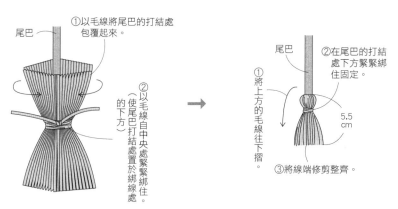

尾巴

① 以毛線將尾巴的打結處包覆起來。

② 以毛線自中央處緊緊綁住。（使尾巴打結處置於綁線處的下方）

尾巴

① 將上方的毛線往下摺。

② 在尾巴的打結處下方緊緊綁住固定。

5.5cm

③ 將線端修剪整齊。

3 縫合身體。

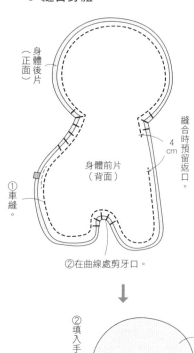

身體後片（正面）

身體前片（背面）

縫合時預留返口。

4cm

① 車縫

② 在曲線處剪牙口。

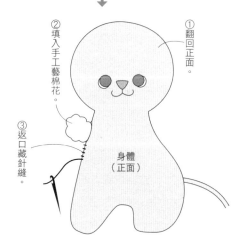

② 填入手工藝棉花。

① 翻回正面。

③ 返口藏針縫

身體（正面）

5 製作耳朵。

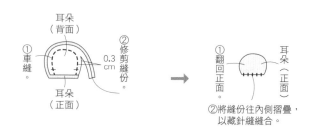

耳朵（背面）

① 車縫。

② 修剪縫份

0.3cm

耳朵（正面）

① 翻回正面。

耳朵（正面）

② 將縫份往內側摺疊，以藏針縫縫合。

接縫固定。

耳朵（正面）

耳朵（正面）

身體（正面）

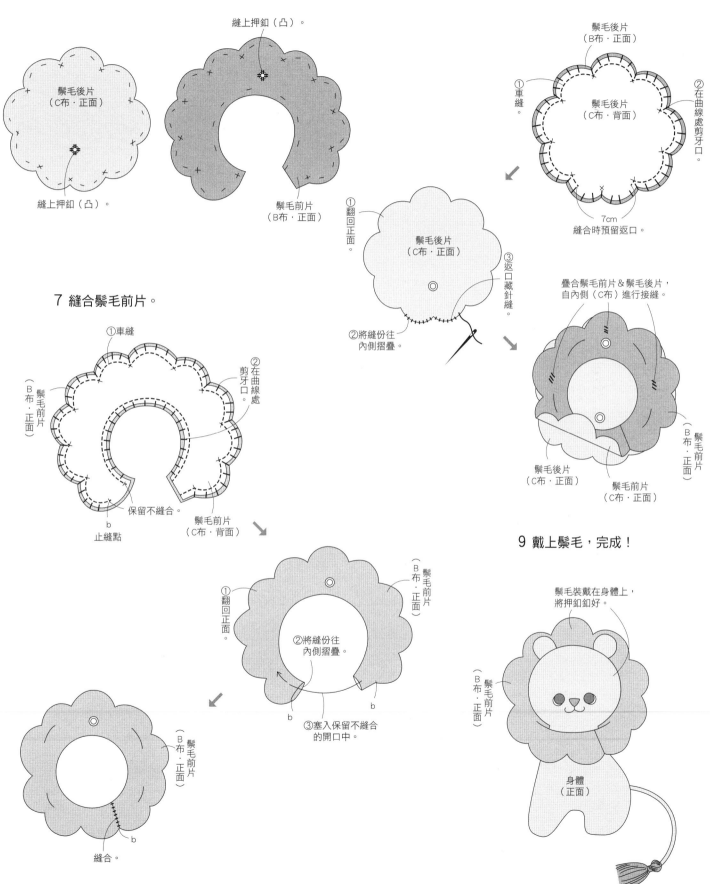

6 將鬃毛縫上押釦。

縫上押釦（凸）。

鬃毛後片
（C布・正面）

縫上押釦（凸）。

鬃毛前片
（B布・正面）

7 縫合鬃毛前片。

①車縫

鬃毛前片（B布・正面）

②在曲線處剪牙口。

保留不縫合。

b
止縫點

鬃毛前片
（C布・背面）

①翻回正面。

②將縫份往內側摺疊。

③塞入保留不縫合的開口中。

b

b

鬃毛前片（B布・正面）

縫合。

b

8 縫合鬃毛後片。

鬃毛後片
（B布・正面）

①車縫。

鬃毛後片
（C布・背面）

②在曲線處剪牙口。

7cm
縫合時預留返口。

①翻回正面。

鬃毛後片
（C布・正面）

③返口藏針縫。

②將縫份往內側摺疊。

疊合鬃毛前片＆鬃毛後片，自內側（C布）進行接縫。

鬃毛後片
（C布・正面）

鬃毛前片
（C布・正面）

鬃毛前片（B布・正面）

9 戴上鬃毛，完成！

鬃毛裝戴在身體上，將押釦釦好。

鬃毛前片（B布・正面）

身體
（正面）

P.17 19

材料

A 布（棉布／黃底點點）25cm 寬 25m
B 布（棉麻布／白色）15cm 寬 10cm
毛線（毛毛線／薄荷綠）適量
25 號繡線（褐色·薄荷綠）
緞帶 1.5cm 寬 30cm
手工藝棉花 約 19g
色鉛筆（粉紅色）

關於原寸紙型

◆原寸紙型：參見 A 面 19。
　使用部件：臉·身體前片·身體後片·前腳·後腳

＊刺繡皆使用 25 號繡線（褐色·3 股）。
＊除了特別指定的部分之外，皆取與布料相同顏色的縫線
　進行縫製。
＊刺繡方法參見 P.33。

＝原寸紙型

紙型

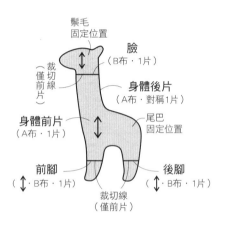

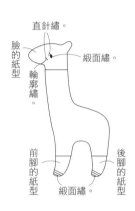

布偶尺寸

約
19.5
cm

作法

始縫＆止縫處皆以回針縫加強固定。

1 接縫身體前片·臉·前腳·後腳。

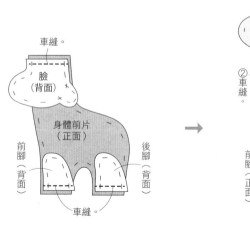

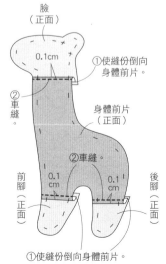

2 縫合身體。

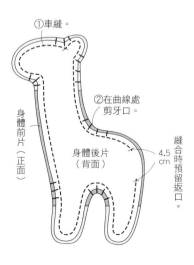

3 填入棉花。

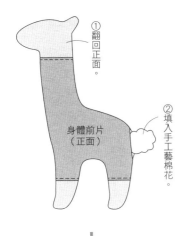

① 翻回正面。

② 填入手工藝棉花。

身體前片（正面）

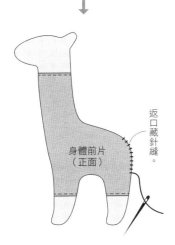

返口藏針縫。

身體前片（正面）

5 製作鬃毛。

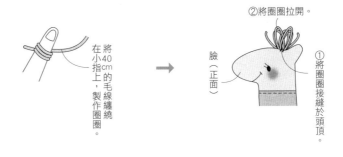

將40cm的毛線纏繞在小指上，製作圈圈。

② 將圈圈拉開。

① 將圈圈接縫於頭頂。

臉（正面）

6 製作尾巴。

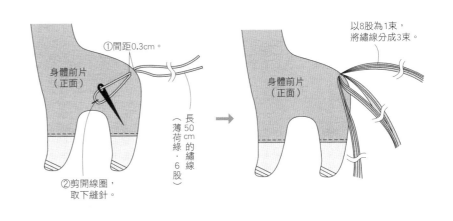

身體前片（正面）

① 間距0.3cm。

② 剪開線圈，取下縫針。

長50cm的繡線（薄荷綠・6股）

身體前片（正面）

以8股為1束，將繡線分成3束。

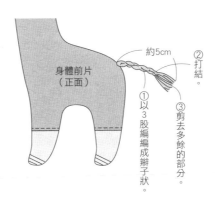

身體前片（正面）

約5cm

① 以3股編成辮子狀。

② 打結。

③ 剪去多餘的部分。

4 製作臉部表情。

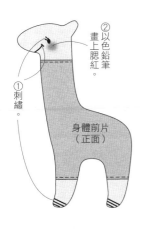

② 以色鉛筆畫上腮紅。

① 刺繡。

身體前片（正面）

7 打上蝴蝶結，完成！

將30cm的緞帶打成蝴蝶結。

身體前片（正面）

P.19 21

材料

A 布（羊毛布／褐色）75cm 寬 20m

B 布（棉布／白色）10cm 寬 10cm

C・D・E 布（棉布・麻布／紅色・粉紅色・草莓用）各 15cm 寬 10cm

F・G・H 布（棉布・麻布／綠色印花／蒂頭用）各 10cm 寬 5cm

不織布（褐色）15cm × 5cm

布襯 30cm 寬 20cm

25 號繡線（黑色・粉紅色・淡粉紅色・紅色）

鈕釦 A 直徑 1.1cm 2 個

鈕釦 B 直徑 1.5cm 2 個

手工藝棉花 約 74g

粉蠟筆（粉紅色）

白膠

關於原寸紙型

◆原寸紙型：參見 A 面 21。

　使用部件：手・耳朵・眼睛・身體・肚子

腳・尾巴・草莓・蒂頭

＊刺繡皆使用 25 號繡線（3 股）。

＊除了特別指定的部分之外，皆取與布料相同顏色的縫線進行縫製。

＊刺繡方法參見 P.33。

 ＝原寸紙型

紙型

耳朵

（不織布・褐色・4片）

※左右對稱各2片。

a

布偶尺寸

約
3.5
cm

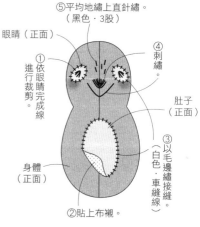

約
15
cm

手

（A布・4片）

※左右對稱各2片。

固定位置

鈕釦A固定位置

肚子

（B布・布襯・各1片）

眼睛

（B布・布襯・對稱各2片）

身體

（A布・接着芯・對稱各2片）

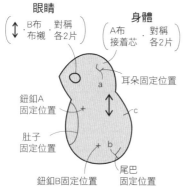

a

耳朵固定位置

鈕釦A固定位置

肚子固定位置

c

b

鈕釦B固定位置　尾巴固定位置

※眼睛的用布，先粗略裁剪下來即可。
（不要沿著完成線裁剪，而是在周圍稍微留白地進行裁剪。）

緞面繡（黑色）。

緞面繡（粉紅色）

直針繡（粉紅色）。

眼睛紙型

身體紙型

腳

（A布・4片）

※左右對稱各2片。

鈕釦B固定位置

尾巴

（A布・對稱2片）

c

b

草莓

（C布
D布・各1片
E布）

蒂頭

（F布
G布・各1片
H布）

※蒂頭的用布，先粗略剪下來即可。
（不要沿著完成線裁剪，而是在周圍稍微留白地進行裁剪。）

作法

始縫＆止縫處皆以回針縫加強固定。

1 製作身體。

②車縫。

③剪開邊角。

①貼上布襯。

身體（背面）

縫合時預留返口。

5cm

身體（正面）

④以粉蠟筆畫上腮紅。

①翻回正面。

②緊實地填入手工藝棉花。

身體（正面）

③返口藏針縫。

2 製作臉部表情。

①將B布粗略剪下。

②進行眼睛刺繡。

貼上布襯。

B布（正面）

布襯

⑤平均地繡上直針繡。（黑色・3股）

眼睛（正面）

①依眼睛完成線進行裁剪。

④刺繡

②貼上布襯。

③以毛邊繡接縫。（白色・車縫線）

肚子（正面）

身體（正面）

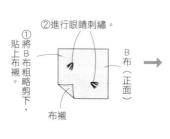

3 製作耳朵。

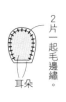

2片一起毛邊繡。

耳朵

↓

耳朵
①摺疊
a
②4片一起毛邊繡。

※毛邊繡使用
車縫線・褐色・1股。

4 製作手。

①車縫。 手（正面）
②在曲線處剪牙口。
返口藏針縫
2cm
手（背面）

↓

②填入手工藝棉花。
①翻回正面。
③返口藏針縫。
手（正面）

↓

手（正面）

平均地繡上直針繡。
（黑色・3股）

5 製作腳。

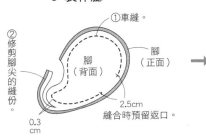

①車縫。
②修剪腳尖的縫份。
腳（背面）
腳（正面）
0.3cm
2.5cm
縫合時預留返口。

6 製作尾巴。

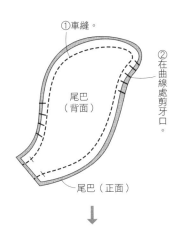

①車縫。
②在曲線處剪牙口。
尾巴（背面）
尾巴（正面）

↓

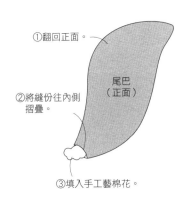

①翻回正面。
②將縫份往內側摺疊。
尾巴（正面）
③填入手工藝棉花。

↓

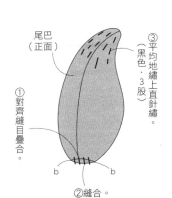

尾巴（正面）
③平均地繡上直針繡。（黑色・3股）
①對齊縫目疊合。
b　b
②縫合。

①翻回正面。
②填入手工藝棉花。
③返口藏針縫。
腳（正面）
腳（正面）

↓

縫目
腳（正面）
平均地繡上直針繡。
（黑色・3股）

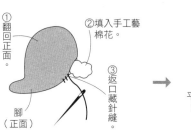

7 縫上耳朵・手・腳・尾巴。

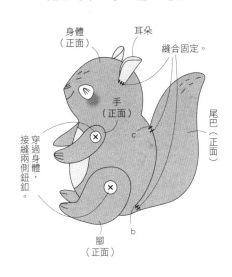

身體（正面）　耳朵　縫合固定。
手（正面）
穿過身體，接縫兩側鈕釦
尾巴（正面）
c
b
腳（正面）

8 製作草莓

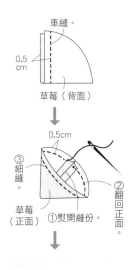

車縫。
0.5cm
草莓（背面）

↓

0.5cm
③細縫。
草莓（正面）
②翻回正面。
①熨開縫份。

↓

②拉扯縫線收緊。
（將縫份往內側塞入）
①填入手工藝棉花。
草莓（正面）
②平均地繡上直針繡。
（粉紅色・淡粉紅色・紅色・1股）

9 製作＆縫上蒂頭，完成！

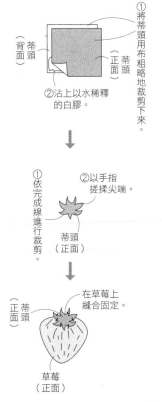

背面蒂頭
蒂頭正面
①將蒂頭用布粗略地裁剪下來。
②沾上以水稀釋的白膠。

↓

①依完成線進行裁剪。
②以手指搓揉尖端。
蒂頭（正面）

↓

在草莓上縫合固定。
蒂頭（正面）
草莓（正面）

P.20 22・23・24

材料（1隻）

A布（no. 22・麻布／米色）55cm 寬 10m
A布（no. 23・24・麻布／米色）60cm 寬 10m
25 號繡線（黑色・米色・白色）
手縫線（褐色・白色）
串珠（no. 23・瑪瑙／眼睛用）直徑 0.4cm 2 個
鈕釦（no. 22・24／眼睛用）直徑 0.4cm 2 個
鈕釦（手腳用）直徑 0.8cm 4 個
緞帶 0.4cm 寬 25cm
鐵絲（no. 23）20cm
手工藝棉花 約 16g
布偶活動關節骨架 直徑 1cm 1 個

關於原寸紙型

◆原寸紙型：參見 B 面 22・23・24。
　使用部件：耳朵・手・頭・頭中央・腳・身體
　　　　　　尾巴（no. 24）

＊刺繡皆使用 25 號繡線。
＊除了特別指定的部分之外，皆取與布料相同顏色的縫線
　進行縫製。

 作法

始縫＆止縫處皆以回針縫加強固定。

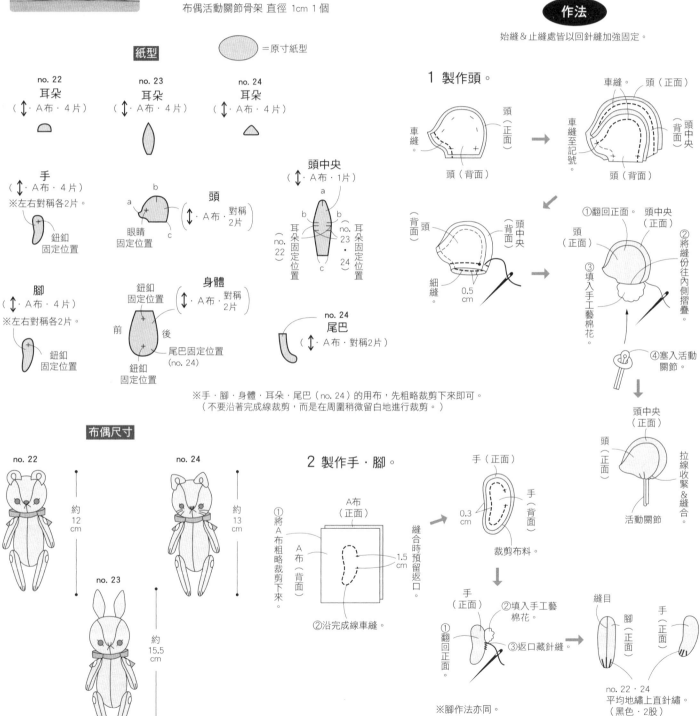

3 製作身體。

A布（正面）

①將A布粗略裁剪下來。

A布（背面）

1cm

2.5cm

縫合時預留返口。

②沿完成線車縫。

②細縫。

身體（正面）

0.5cm

①裁剪布料。

身體（背面）

拉線收緊＆縫合。

身體（背面）

①翻回正面。

頭（正面）

②插進上方頭部的活動關節。

③自返口處拉出活動關節。

身體（正面）

①捲動活動關節，塞入身體中。

頭（正面）

②填入手工藝棉花。

③返口藏針縫。

身體（正面）

①捲動活動關節的插栓，塞入身體中。

活動關節

捲動

4 製作耳朵。

no. 22　　no. 23　　no. 24

A布（正面）

①將A布粗略裁剪下來。

A布（背面）

②沿完成線車縫。

下側作為返口處，縫合時預留。

A布（正面）

②沿完成線車縫。

A布（正面）

A布（背面）

下側作為返口處，縫合時預留。

no. 23　　no. 24

裁剪布料。

no. 22

0.3cm

耳朵（正面）

0.3cm

耳朵（背面）

0.5cm

耳朵（正面）

0.3cm

耳朵（正面）

0.5cm

耳朵（背面）

耳朵（背面）

①翻回正面。

no. 22　　耳朵（正面）　　no. 24

②將縫份往內側摺疊，以藏針縫固定。

no. 23

①翻回正面。

②將鐵絲塞入耳朵中間。

耳朵（正面）

將鐵絲摺彎成耳朵的形狀。

將兩端摺彎。

no. 23

耳朵（正面）

將縫份往內側摺疊，以藏針縫固定。

5 縫上耳朵。

no. 22・24

耳朵（正面）

耳朵稍微彎曲後，縫合固定。

頭（正面）

no. 23

耳朵（正面）

縫合固定。

頭（正面）

6 製作尾巴（no. 24）。

上側作為返口處，縫合時預留。

①將A布粗略裁剪下來。

A布（正面）

A布（背面）

②沿完成線車縫。

尾巴（正面）

0.5cm

0.3cm

尾巴（背面）

裁剪布料。

①翻回正面。

②填入手工藝棉花。（將手工藝棉花填至記號位置）

尾巴（正面）

將縫份往內側摺疊，以藏針縫固定。

尾巴（正面）

7 縫上手＆腳。

穿過手・身體2至3次，固定鈕釦。

手（正面）

鈕釦

腳（正面）

身體（正面）

穿縫腳＆身體，並以鈕釦作固定。

no. 24

身體（正面）

縫合固定。

尾巴（正面）

頭（正面）

將21cm的緞帶打成蝴蝶結。

＊作法接續P.60。

8 製作臉部表情，完成！

no. 22

頭
（正面）

緞面繡
（黑色・2股）

直針繡
（黑色・1股）

（黑色・1股）直針繡

縫上鈕釦。
（白色・手縫線）

no. 23

頭
（正面）

縫上串珠。

（黑色・1股）直針繡

no. 24

縫上鈕釦
（白色・手縫線）

緞面繡
（粉紅色・2股）

頭
（正面）

約
0.8
cm

（黑色・1股）直針繡

繡上3條鬍鬚。
（米色・1股
並塗上白膠強化繡線）

※視整體平衡進行刺繡。

P.22　25

材料

布（棉布／藍綠印花）50cm 寬 25m
B 布（棉布／白色）30cm 寬 15cm
C 布（棉布／粉紅印花）各 10cm 寬 5cm
不織布（白色）15cm × 15cm
不織布（水藍色・褐色）5cm × 5cm
布襯 30cm 寬 20cm
絨球 直徑 0.6cm 1 個
25 號繡線（粉紅色）
手工藝棉花 約 110g
厚紙板
白膠

關於原寸紙型

◆原寸紙型：參見 B 面 25。

使用部件：耳朵・尖刺・眼珠・眼白・身體・頭

＊除了特別指定的部分之外，皆取與布料相同顏色的縫線
進行縫製。

布偶尺寸

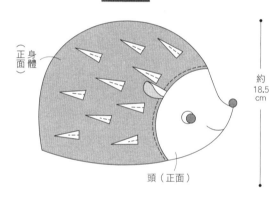

約
18.5
cm

頭（正面）

紙型

耳朵

B布
C布・各2片

＝原寸紙型

作法

始縫＆止縫處皆以回針縫加強固定。

尖刺
（不織布・白色・20片）

眼珠
（不織布・褐色・2片）

眼白
（不織布・水藍色・2片）

1 縫製眼睛。

身體
（A布・對稱2片
厚紙板・紙1片）

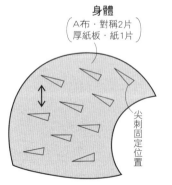

尖刺固定位置

頭
（B布・對稱2片）

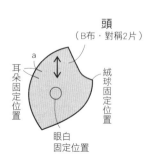

耳朵固定位置

絨球固定位置

眼白固定位置

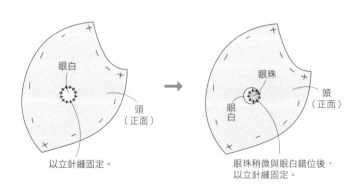

眼白

頭
（正面）

以立針縫固定。

眼珠

眼白

頭
（正面）

眼珠稍微與眼白錯位後，
以立針縫固定。

2 製作身體。

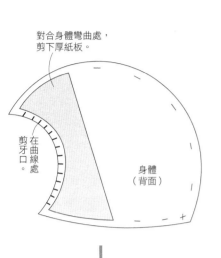

對合身體彎曲處，
剪下厚紙板。

在曲線處剪牙口。

身體
（背面）

①熨摺縫份。

厚紙板

身體
（背面）

②移除厚紙板。

4 縫合身體。

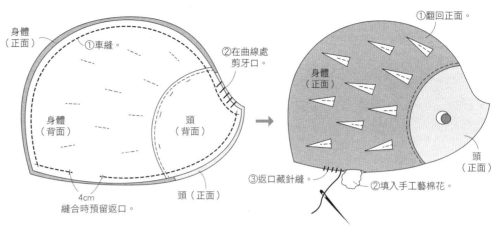

身體
（正面）

①車縫。

②在曲線處
剪牙口。

身體
（背面）

頭
（背面）

4cm
縫合時預留返口。

頭（正面）

①翻回正面。

身體
（正面）

③返口藏針縫。

②填入手工藝棉花。

頭
（正面）

5 製作耳朵。

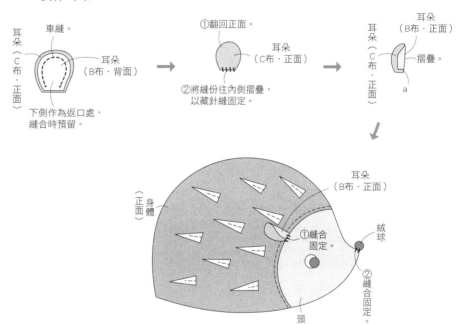

耳朵
（C布‧正面）

車縫。

耳朵
（B布‧背面）

下側作為返口處，
縫合時預留。

①翻回正面。

耳朵
（C布‧正面）

②將縫份往內側摺疊，
以藏針縫固定。

耳朵
（C布‧正面）

耳朵
（B布‧正面）

摺疊。

a

身體
（正面）

耳朵
（B布‧正面）

①縫合
固定。

絨球

②縫合
固定。

頭
（正面）

3 接縫身體＆頭。

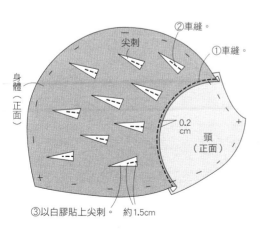

②車縫。

尖刺

①車縫。

身體
（正面）

0.2
cm

頭
（正面）

③以白膠貼上尖刺。　約1.5cm

6 縫上嘴巴，完成！

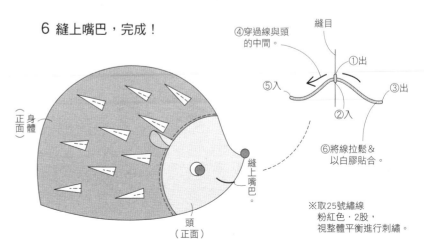

身體
（正面）

縫上嘴巴。

頭
（正面）

④穿過線與頭
的中間。

縫目

①出

⑤入

②入

③出

⑥將線拉鬆＆
以白膠貼合。

※取25號繡線
粉紅色‧2股，
視整體平衡進行刺繡。

P.23 26

材料

A 布（鬆餅棉布／白色）65cm 寬 25m
B 布（棉布／白色）5cm 寬 5cm
C・D 布（棉布／印花）各 90cm 寬 15cm
不織布（白色）10cm × 5cm
不織布（黑色）5cm × 5cm
25 號繡線（黑色・白色）
鈕釦 直徑 1.1cm 1個（領巾 1件）
飾品 1個（領巾 1件）
手工藝棉花 約 118g
圓繩 0.2cm 粗 10cm（領巾 1件）
白膠

關於原寸紙型

◆原寸紙型：參見 B 面 26。
使用部件：耳朵・身體・眼珠・眼白・嘴部
尾巴・領巾

＊除了特別指定的部分之外，皆取與布料相同顏色的縫線
進行縫製。

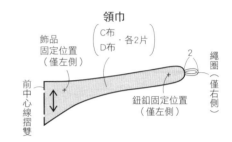

領巾
（ C布 ・各2片 ）
（ D布 ）
飾品固定位置（僅左側）
前中心線摺雙
鈕釦固定位置（僅左側）
繩圈（僅右側）
繩圈的粗細＝0.2cm（圓繩）

耳朵
（ ↕ ・A布・4片 ）

紙型　　⬭ ＝原寸紙型

眼珠（不織布・黑色・2片）　　**眼白**（不織布・白色・2片）

嘴部
（ ↕ ・B布・1片
不織布・白色・2片 ）

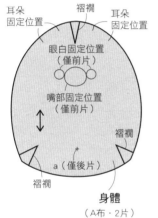

耳朵固定位置　褶襉　耳朵固定位置
眼白固定位置（僅前片）
嘴部固定位置（僅前片）
褶襉　褶襉
a（僅後片）
褶襉
身體（A布・2片）

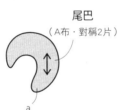

直針繡。
緞面繡。
嘴部紙型

尾巴
（ A布・對稱2片 ）
a

布偶尺寸

約 23.5 cm

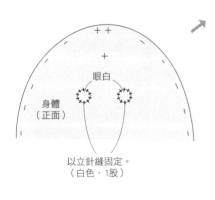

作法

始縫＆止縫處皆以回針縫加強固定。

1 縫製眼睛。

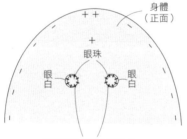

身體（正面）
眼白
眼珠
眼白　眼白
眼珠稍微與眼白錯位後，以立針縫固定。（黑色・1股）

身體（正面）
眼白
以立針縫固定。（白色・1股）

①出
眼珠
眼白　眼白
②入
（黑色・1股）

眼白
取黑線在眼白的周圍圍繞一圈，並以白膠貼上。

2 製作嘴部。

刺繡。
嘴部（B布・正面）
嘴部（B布・正面）

④穿過線與嘴部中間。
①出
③出
⑤入
②入

⑦入
⑥出
⑧將線拉鬆，以白膠貼合。

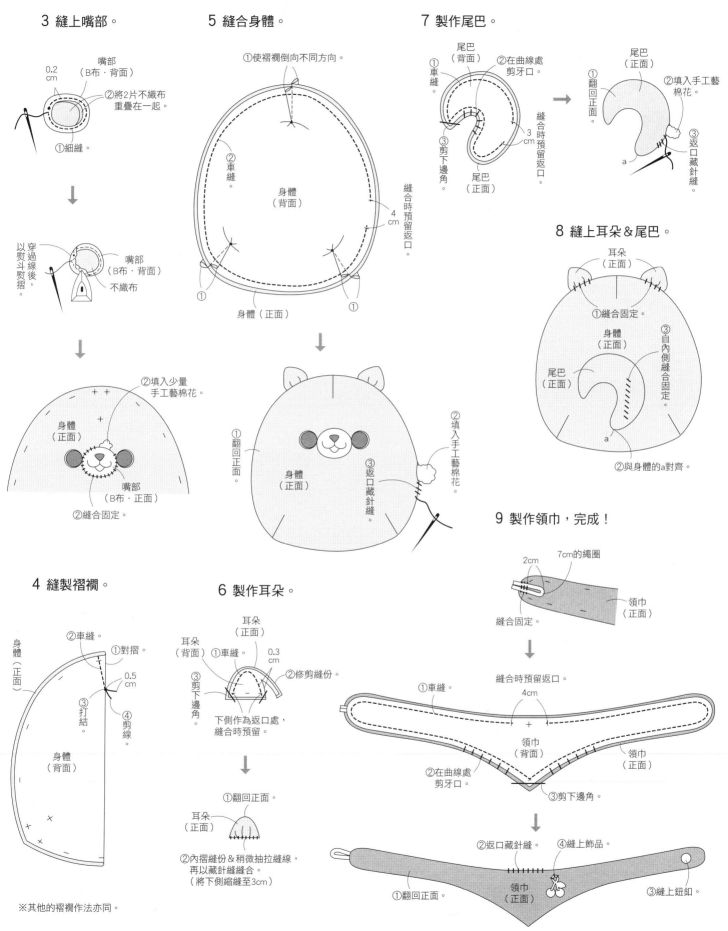

3 縫上嘴部。

0.2 cm

嘴部（B布・背面）

②將2片不織布重疊在一起。

①細縫。

穿過線後，以熨斗熨摺。

嘴部（B布・背面）

不織布

②填入少量手工藝棉花。

身體（正面）

嘴部（B布・正面）

②縫合固定。

4 縫製褶襉。

②車縫。

①對摺。

身體（正面）

0.5 cm

③打結。

④剪線。

身體（背面）

※其他的褶襉作法亦同。

5 縫合身體。

①使褶襉倒向不同方向。

②車縫。

身體（背面）

縫合時預留返口。

4 cm

①　　①

身體（正面）

①翻回正面。

身體（正面）

②填入手工藝棉花。

③返口藏針縫。

6 製作耳朵。

耳朵（正面）

耳朵（背面）

①車縫。

0.3 cm

②修剪縫份。

③剪下邊角。

下側作為返口處，縫合時預留。

①翻回正面。

耳朵（正面）

②內摺縫份＆稍微抽拉縫線，再以藏針縫縫合。（將下側縮縫至3cm）

7 製作尾巴。

尾巴（背面）

①車縫。

②在曲線處剪牙口。

③剪下邊角。

尾巴（正面）

縫合時預留返口。

3 cm

尾巴（正面）

①翻回正面。

②填入手工藝棉花。

③返口藏針縫。

a

8 縫上耳朵＆尾巴。

耳朵（正面）

①縫合固定。

身體（正面）

③自內側縫合固定。

尾巴（正面）

a

②與身體的a對齊。

9 製作領巾，完成！

2cm

7cm的繩圈

縫合固定。

領巾（正面）

縫合時預留返口。

4cm

①車縫。

領巾（背面）

領巾（正面）

②在曲線處剪牙口。

③剪下邊角。

②返口藏針縫。

④縫上飾品。

①翻回正面。

領巾（正面）

③縫上鈕釦。

P.26 29・P.27 30

29　30

材料（1隻）

A布（no. 29・麻布／米色）80cm 寬20m
A布（no. 30・麻布／米色）70cm 寬20m
B布（no. 29・棉布／紅色格子）90cm 寬10m
B布（no. 30・棉布／藍色點點）35cm 寬10m
不織布（no. 30，・白色）5cm × 5cm
不織布（粉紅色）10cm × 5cm
布襯 10cm 寬5cm
25 號繡線（褐色・紅色）
緞帶（no. 30）1.5cm 寬50cm
手工藝棉花 約52g

關於原寸紙型

◆原寸紙型：參見B面29・30。
　使用部件：頭・腮紅・身體・尾巴
　　　　　　耳朵・內耳・領巾（no. 29）
　　　　　　圍兜（no. 30）・嘴部（no. 30）

＊刺繡皆使用25 號繡線。
＊除了特別指定的部分之外，皆取與布料相同顏色的縫線進行縫製。
＊刺繡方式參見P.33。

紙型　⬭ ＝原寸紙型

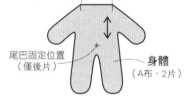

頭
（A布・2片）

耳朵
固定位置

耳朵
固定位置

no. 30
嘴部

（不織布・白色
1片・僅前片）

腮紅
（不織布・粉紅色
1片・僅前片）

身體固定位置

腮紅
（不織布・粉紅色
1片・僅前片）

頭部固定位置

尾巴固定位置
（僅後片）

身體
（A布・2片）

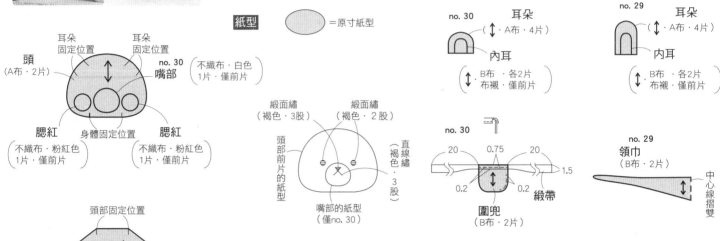

no. 30 耳朵
（↕・A布・4片）

內耳
（↕・B布・各2片
布襯・僅前片）

no. 29 耳朵
（↕・A布・4片）

內耳
（↕・B布・各2片
布襯・僅前片）

緞面繡
（褐色・3股）

緞面繡
（褐色・2股）

直線繡
（褐色・3股）

頭部前片的紙型

嘴部的紙型
（僅no. 30）

no. 30
20　0.75　20
0.2　　　0.2　1.5
圍兜
（B布・2片）

緞帶

no. 29
領巾
（B布・2片）
中心線摺雙

尾巴
（B布・1片）

作法

始縫＆止縫處皆以回針縫加強固定。

1 製作頭部。

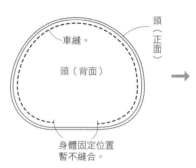

車縫。

頭（正面）

頭（背面）

身體固定位置
暫不縫合。

①翻回正面。

②填入手工藝棉花。

頭（正面）

③內摺縫份，以藏針縫縫合未縫合處。

no. 29

約27cm

no. 30

約24cm

布偶尺寸

2 製作身體。

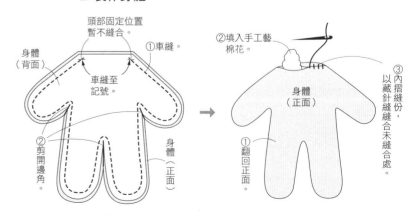

頭部固定位置
暫不縫合。

①車縫。

身體（背面）

車縫至記號。

②剪開邊角。

身體（正面）

②填入手工藝棉花。

身體（正面）

③內摺縫份，以藏針縫縫合未縫合處。

①翻回正面。

3 製作耳朵。

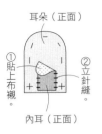

耳朵（正面）

①貼上布襯。

②立針縫。

內耳（正面）

※立針縫使用25號繡線。
（褐色・2股）

耳朵（正面）

車縫。

耳朵（背面）

①翻回正面。

②將縫份往內側摺疊。

耳朵（正面）

③填入手工藝棉花。

※no.30作法亦同。

4 縮縫耳朵。
（no.30）

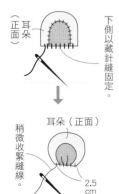

耳朵（正面）

下側以藏針縫固定。

稍微收緊縫線。

耳朵（正面）

2.5
cm

5 製作尾巴。

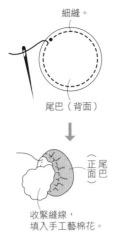

細縫。

尾巴（背面）

收緊縫線，填入手工藝棉花。

尾巴（正面）

拉扯縫線，收緊固定。

尾巴（正面）

6 接縫耳朵・頭・身體・尾巴。

與no.29收緊縫合的耳朵不同，在此保持圓筒狀進行縫合。

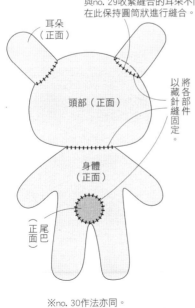

耳朵（正面）

頭部（正面）

以藏針縫將各部件固定。

身體（正面）

尾巴（正面）

※no.30作法亦同。

7 製作臉部表情。

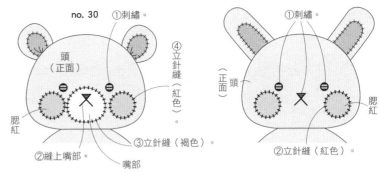

no.30

①刺繡。

頭（正面）

④立針縫（紅色）。

腮紅

②縫上嘴部。

③立針縫（褐色）。

嘴部

no.29

①刺繡。

頭（正面）

腮紅

②立針縫（紅色）。

※立針縫為25號繡線2股。

8 製作圍兜，完成（no.30）！

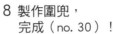

圍兜（背面）

圍兜（正面）

車縫。

①翻回正面。

②車縫。

0.2
cm

圍兜（正面）

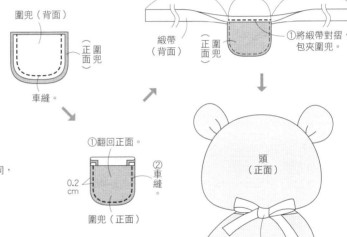

20cm

②包夾圍兜，車縫固定。

20cm

緞帶（背面）

圍兜（正面）

①將緞帶對摺，包夾圍兜。

頭（正面）

緞帶在後側打一個蝴蝶結。

9 製作領巾，完成（no.29）！

縫合時預留返口。

6cm

②剪下邊角。

領巾（背面）

0.3cm

①車縫。

0.3cm

領巾（正面）

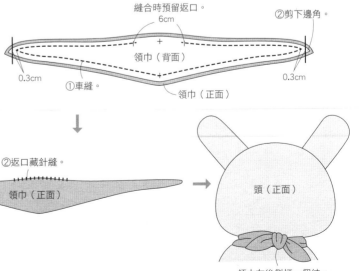

②返口藏針縫。

領巾（正面）

①翻回正面。

頭（正面）

領巾在後側打一個結。

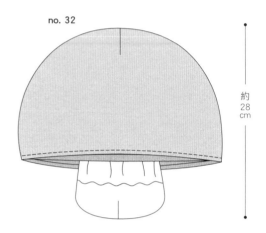
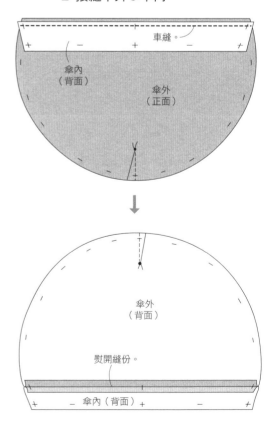

no. 31 材料

A 布（棉布・黃花圖案）30cm 寬 25m
B 布（棉布・黃色點點）30cm 寬 25m
C 布（棉布・藍色條紋）55cm 寬 5m
D 布（棉布・白色）25cm 寬 10m
造型緞帶 1cm 寬 20cm
手工藝棉花 約 108g

no. 32 材料

A 布（棉布・紅花圖案）35cm 寬 25m
B 布（棉布・紅色點點）35cm 寬 25m
C 布（棉布・紅色條紋）70cm 寬 5m
D 布（棉布・白色）35cm 寬 15m
蕾絲 4cm 寬 30cm
手工藝棉花 約 154g

關於原寸紙型

◆原寸紙型：參見 B 面 31・32。
　使用部件：傘外・傘內・柄

＊除了特別指定的部分之外，皆取與布料相同
　顏色的縫線進行縫製。

布偶尺寸

no. 32

約 28cm

no. 31

約 25cm

紙型

=原寸紙型

傘外
（A布・各1片
　B布）

傘內
（↕・C布・2片）
中心線摺雙
0.5
柄固定位置
a

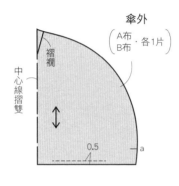

造型緞帶（no. 31）
中心
no.32（蕾絲）
柄
（D布・2片）
褶襇
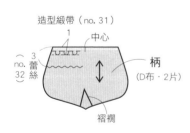
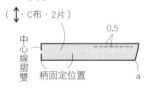

中心線摺雙
褶襇
0.5
a

作法

始縫＆止縫處皆以回針縫加強固定。

1 縫製褶襇。

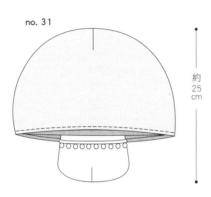

①對摺。
②車縫。
傘外（正面）
③打結。
0.5cm
④剪線。
傘外（背面）

※柄的褶襇作法亦同。

2 接縫傘外＆傘內。

車縫。
傘內（背面）
傘外（正面）

傘外（背面）
熨開縫份。
傘內（背面）

3 將蕾絲暫時車縫固定於柄下（no. 32）。　5 縫合四周，完成！

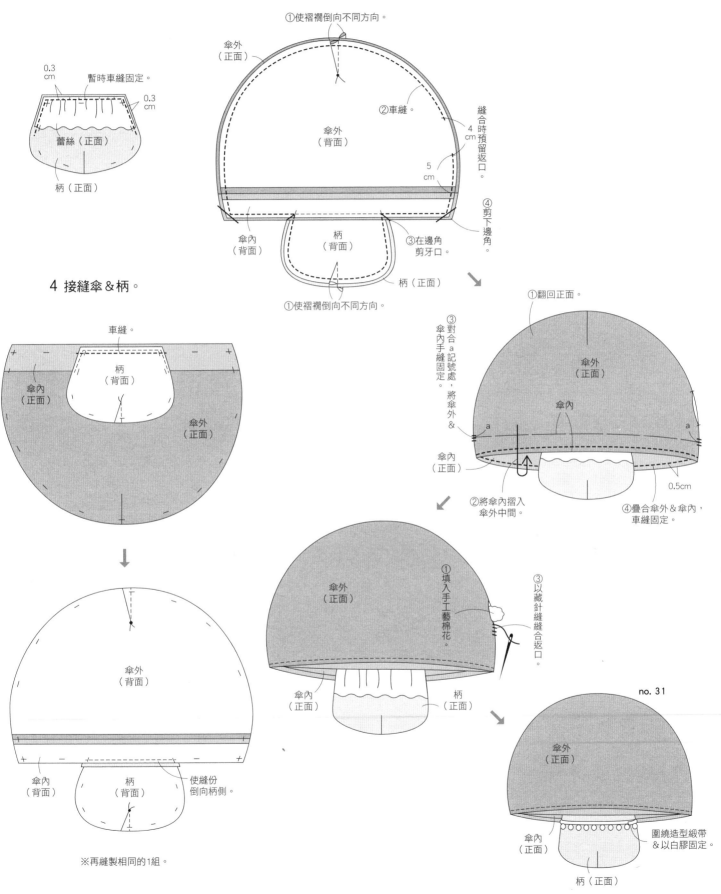

0.3 cm
暫時車縫固定。
0.3 cm
蕾絲（正面）
柄（正面）

①使褶襉倒向不同方向。
傘外（正面）
②車縫。
傘外（背面）
縫合時預留返口。
4 cm
5 cm
④剪下邊角。
③在邊角剪牙口。
傘內（背面）
柄（背面）
柄（正面）
①使褶襉倒向不同方向。

4 接縫傘&柄。

車縫。
傘內（正面）
柄（背面）
傘外（正面）

傘外（背面）
傘內（背面）
柄（背面）
使縫份倒向柄側。

※再縫製相同的1組。

①翻回正面。
③對合a記號處，將傘外&傘內手縫固定。
傘外（正面）
傘內
a
傘內（正面）
a
0.5cm
②將傘內摺入傘外中間。
④疊合傘外&傘內，車縫固定。

傘外（正面）
①填入手工藝棉花。
③以藏針縫縫合返口。
傘內（正面）
柄（正面）

no. 31
傘外（正面）
傘內（正面）
圍繞造型緞帶&以白膠固定。
柄（正面）

67

P.32 33

材料
A 布（棉麻布／米色）75cm 寬 35m
B 布（棉布／褐色）40cm 寬 25m
C 布（棉布／黃色）25cm 寬 15m
D 布（棉布／白色）10cm 寬 5m
E 至 J 布（棉布／鬃毛用）各 50cm 寬 10m
25 號繡線（褐色・白色・米色・黃色）
手工藝棉花 約 290g
厚紙板

關於原寸紙型
◆原寸紙型：參見 B 面 33。
　使用部件：臉・鬃毛・腮紅・鼻子・眼珠・眼白

＊刺繡皆使用 25 號繡線。
＊除了特別指定的部分之外，皆取與布料相同顏色的縫線
　進行縫製。
＊刺繡方法參見 P.33。

布偶尺寸

約 43.5 cm

紙型 　 ⬭ ＝原寸紙型

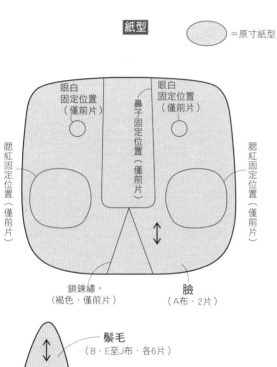

眼白固定位置（僅前片）
眼白固定位置（僅前片）
鼻子固定位置（僅前片）
腮紅固定位置（僅前片）
腮紅固定位置（僅前片）
鎖鍊繡。（褐色・僅前片）
臉（A 布・2 片）

鬃毛
（B・E 至 J 布・各 6 片）

腮紅
（C 布
厚紙板・2 片）

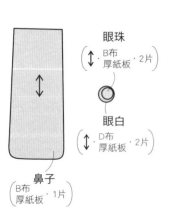
眼珠
（B 布
厚紙板・2 片）
眼白
（D 布
厚紙板・2 片）
鼻子
（B 布
厚紙板・1 片）

作法
始縫 & 止縫處皆以回針縫加強固定。

1 製作鼻子。

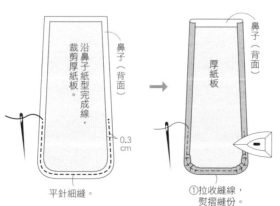

沿鼻子紙型完成線，裁剪厚紙板。
0.3 cm
平針細縫。
鼻子（背面）

厚紙板
鼻子（背面）
①拉收縫線，熨摺縫份。
②移除厚紙板。

2 製作腮紅・眼珠・眼白。

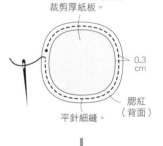

沿腮紅紙型完成線，裁剪厚紙板。
0.3 cm
腮紅（背面）
平針細縫。

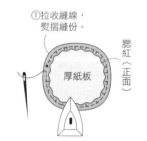

①拉收縫線，熨摺縫份。
②移除厚紙板。
厚紙板
腮紅（正面）

※眼白・眼珠作法作法亦同。

3 縫上臉部表情。

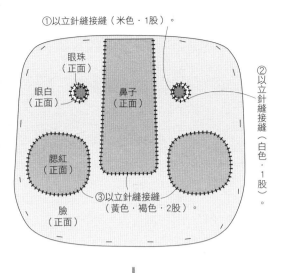

①以立針縫接縫（米色・1股）。

眼珠（正面）
眼白（正面）
鼻子（正面）
②以立針縫接縫（白色・1股）。

腮紅（正面）
臉（正面）

③以立針縫接縫（黃色・褐色・2股）。

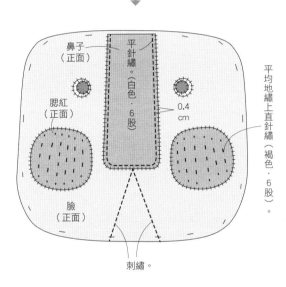

鼻子（正面）
平針繡。（白色・6股）
0.4cm
腮紅（正面）
臉（正面）
刺繡。

平均地繡上直針繡（褐色・6股）。

4 製作鬃毛。

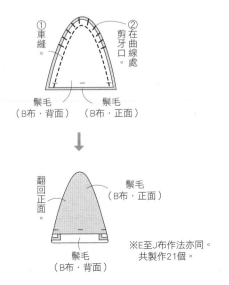

①車縫。
②在曲線處剪牙口。
鬃毛（B布・背面）
鬃毛（B布・正面）

翻回正面。
鬃毛（B布・正面）
鬃毛（B布・背面）

※E至J布作法亦同。共製作21個。

5 縫上鬃毛。

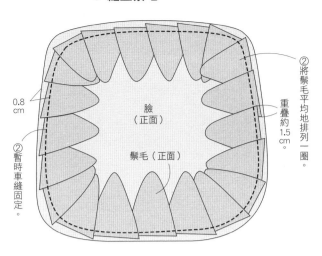

②將鬃毛平均地排列一圈。
0.8cm
重疊約1.5cm。
②暫時車縫固定。
臉（正面）
鬃毛（正面）

6 縫合臉部，完成！

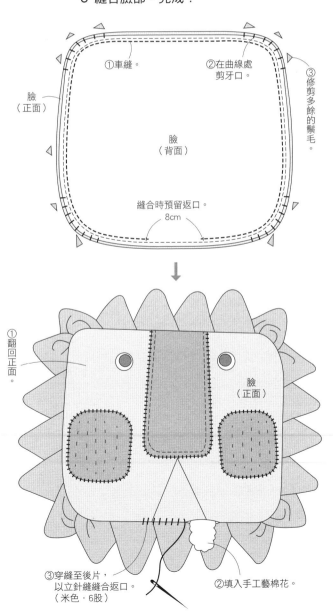

①車縫。
②在曲線處剪牙口。
③修剪多餘的鬃毛。
臉（正面）
臉（背面）
縫合時預留返口。8cm

①翻回正面。
臉（正面）
③穿縫至後片，以立針縫縫合返口。（米色・6股）
②填入手工藝棉花。

P.4 4・5

材料（1隻）

A 布（棉布／黃色・水藍色）15cm 寬 10cm
B 布（棉布／綠色・藍色）20cm 寬 10cm
C 布（棉布／圖案）25cm 寬 15cm
25 號繡線（褐色）
手縫線（白色・藍色・綠色・水藍色）
手工藝棉花 約 19g

關於原寸紙型

◆原寸紙型：參見 A 面 4・5。
　使用部件：臉・身體・尾部

＊刺繡皆使用 25 號繡線。
＊除了特別指定的部分之外，皆取與布料相同顏色的縫線
　進行縫製。

紙型　 ＝原寸紙型

布偶尺寸

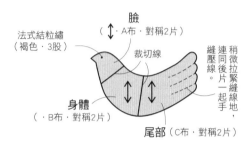

臉
（↕・A布・對稱2片）
法式結粒繡
（褐色・3股）
裁切線
縫壓線。
稍微拉緊縫線地，連同後片一起手。
身體
（・B布・對稱2片）
尾部（C布・對稱2片）

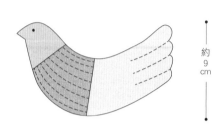

約 9cm

作法

始縫＆止縫處皆以回針縫加強固定。

1 接縫臉・身體・尾部。

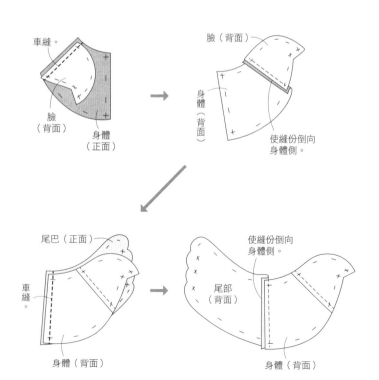

車縫。
臉（背面）
身體（正面）

臉（背面）
身體（背面）
使縫份倒向身體側。

尾巴（正面）
車縫。
身體（背面）

使縫份倒向身體側。
尾部（背面）
身體（背面）

2 縫合身體。

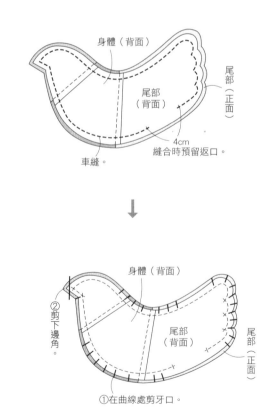

身體（背面）
尾部（背面）
尾部（正面）
車縫。
4cm
縫合時預留返口。

②剪下邊角。
身體（背面）
尾部（背面）
尾部（正面）
①在曲線處剪牙口。

3 填入棉花。

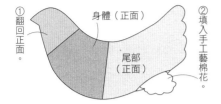

① 翻回正面。

身體（正面）

② 填入手工藝棉花。

尾部（正面）

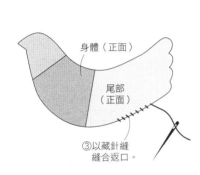

身體（正面）

尾部（正面）

③ 以藏針縫縫合返口。

4 製作臉部。

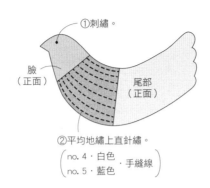

① 刺繡。

臉（正面）

尾部（正面）

② 平均地繡上直針繡。

(no. 4・白色)
(no. 5・藍色) ・手縫線

5 在尾部刺繡，完成！

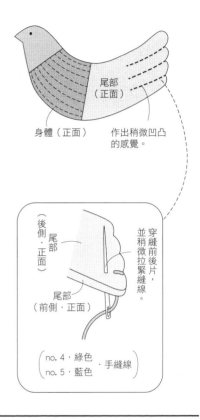

身體（正面）

作出稍微凹凸的感覺。

尾部（正面）

尾部（後側・正面）

尾部（前側・正面）

穿縫前後片，並稍微拉緊縫線。

(no. 4・綠色)
(no. 5・藍色) ・手縫線

P.10 9・10・11

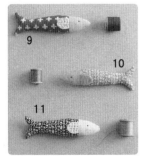

9

10

11

材料（1隻）

A 布（棉布／紅色圖案・水藍色圖案・黑色圖案）15cm 寬 15cm
B 布（棉布／粉紅色・黃綠色・黃色）15cm 寬 10cm
C 布（棉布／粉紅色圖案・水藍色圖案・黃色圖案）20cm 寬 5cm
25 號繡線（褐色）
手縫線（粉紅色・米色・黃綠色）
手工藝棉花 約 9g

= 原寸紙型

關於原寸紙型

◆原寸紙型：參見 A 面 9・10・11。
　使用部件：臉・尾部・魚鰭

＊刺繡皆使用 25 號繡線。
＊除了特別指定的部分之外，皆取與布料相同顏色的縫線進行縫製。

紙型

綢面繡（褐色・3股）

尾部（A布・對稱2片）

臉（↔ B布・對稱的2片）

裁切線　魚鰭固定位置

魚鰭（↔ C布・4片）

布偶尺寸

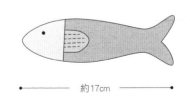

約17cm

＊作法接續P.72。

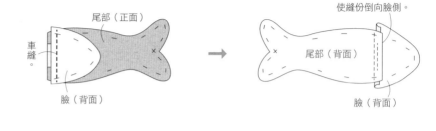

作法

始縫&止縫處皆以回針縫加強固定。

3 接縫臉&尾部。

尾部（正面）

車縫。

臉（背面）

使縫份倒向臉側。

尾部（背面）

臉（背面）

1 製作魚鰭。

車縫。

魚鰭（正面）

魚鰭（背面）

魚鰭（正面）

在曲線處剪牙口。

魚鰭（背面）

5 填入棉花，完成！

4 縫合尾部。

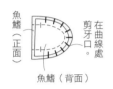

①翻回正面。

魚鰭（背面）

魚鰭（正面）

②平均地繡上直針繡。

(no..9・粉紅色
no. 110・米色・手縫線
no. 111・黃綠色)

※後側繡法亦同。

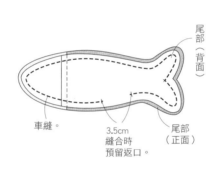

尾部（背面）

車縫。

3.5cm 縫合時預留返口。

尾部（正面）

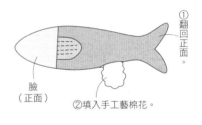

①翻回正面。

臉（正面）

②填入手工藝棉花。

臉（正面）

以藏針縫縫合返口。

2 縫上魚鰭。

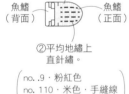

暫時車縫固定。

尾部（正面）

0.3cm

魚鰭（正面）

在四周剪牙口。

尾部（背面）

尾部（正面）

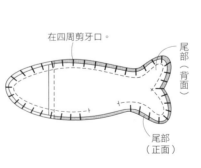

刺繡。

臉（正面）

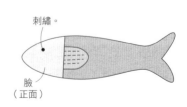

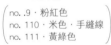

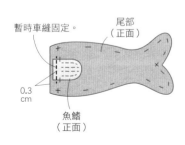

輕・布作 43

33個給你最溫柔陪伴的布娃兒
手縫可愛の繪本風布娃娃

作　　　　者／BOUTIQUE-SHA
譯　　　　者／Alicia Tung
社　　　　長／詹慶和
總　編　輯／蔡麗玲
執 行 編 輯／陳姿伶
編　　　　輯／蔡毓玲・劉蕙寧・黃璟安・李佳穎・李宛真
執 行 美 編／韓欣恬
美 術 編 輯／陳麗娜・周盈汝
內 頁 排 版／鯨魚工作室
紙 型 排 版／造極
出　　版　者／Elegant-Boutique新手作
發　　行　者／悦智文化事業有限公司
郵 政 劃 撥 帳 號／19452608
戶　　　　名／悦智文化事業有限公司
地　　　　址／220新北市板橋區板新路206號3樓
電　　　　話／(02)8952-4078
傳　　　　真／(02)8952-4084
網　　　　址／www.elegantbooks.com.tw
電 子 信 箱／elegant.books@msa.hinet.net

2018年4月初版一刷　定價350元

Lady Boutique Series No.4470
TSUKUTTE TANOSHIMU HOKKORI KAWAII NUIGURUMI
© 2017 Boutique-sha, Inc.
All rights reserved.
Original Japanese edition published in Japan by BOUTIQUE-SHA.
Chinese (in complex character) translation rights arranged with BOUTIQUE-SHA.
through KEIO CULTURAL ENTERPRISE CO., LTD.

經銷／易可數位行銷股份有限公司
地址／新北市新店區寶橋路235巷6弄3號5樓
電話／(02)8911-0825　傳真／(02)8911-0801

國家圖書館出版品預行編目(CIP)資料

手縫可愛の繪本風布娃娃 / BOUTIQUE-SHA授權；
Alicia Tung譯.
-- 初版. -- 新北市：新手作出版：悦智文化發行,
2018.04
　面；　公分. -- (輕布作；43)
ISBN 978-986-96076-3-6(平裝)

1.玩具 2.手工藝

426.78　　　　　　　　　　　　　107004263

Elegantbooks
以閱讀，享受幸福生活

輕·布作 06

簡單×好作！
自己作365天都好穿的手作裙
BOUTIQUE-SHA◎著
定價280元

輕·布作 07

自己作防水手作包&布小物
BOUTIQUE-SHA◎著
定價280元

輕·布作 08

不用轉彎！直直車下去就對了！
直線車縫就上手的手作包
BOUTIQUE-SHA◎著
定價280元

輕·布作 09

人氣No.1！
初學者最想作的手作布錢包A⁺
一次學會短夾、長夾、立體造型、L型、雙拉鍊、層背式錢包！
日本Vogue社◎著
定價300元

輕·布作 10

家用縫紉機OK！
自己作不退流行的帆布手作包
赤峰清香◎著
定價300元

輕·布作 11

簡單作×開心縫！
手作異想熊裝可愛
異想熊·KIM◎著
定價350元

輕·布作 12

手作市集超夯布作全收錄！
簡單作可愛&實用の超人氣布小物232款
主婦與生活社◎著
定價320元

輕·布作 13

Yuki教你你34款Q到不行的不織布雜包
不織布就是裝可愛！
YUKI◎著
定價300元

輕·布作 14

一次解決縫紉新手的入門難題
初學手縫布作の最強聖典
每日外出包×布作小物×手作服＝29枚實作練習
高橋惠美子◎著
定價350元

輕·布作 15

手縫OKの可愛小物
55個零碼布驚喜好點子
BOUTIQUE-SHA◎著
定價280元

輕·布作 16

零碼布×簡單作——繽紛手縫系可愛娃娃
I Love Fabric Dolls
法布多の百變手作遊戲
王美芳·林詩齡·傅琪珊◎著
定價280元

輕·布作 17

女孩の小優雅·手作口金包
BOUTIQUE-SHA◎著
定價280元

輕·布作 18

點點·條紋·格子（暢銷增訂版）
小白◎著
定價350元

輕·布作 19

可愛ろて！
半天完成的棉麻手作包×錢包×布小物
點點·條紋·ED花·素色·格紋
BOUTIQUE-SHA◎著
定價280元

輕·布作 20

自然風穿搭最愛的39個手作包
BOUTIQUE-SHA◎著
定價280元

輕·布作 21

超簡單×超有型－自己作日日都好背の大布包35款
BOUTIQUE-SHA◎著
定價280元

輕·布作 22

零碼布裝可愛！超可愛小布包×雜貨飾品×布小物
最實用手作提案CUTE.90
BOUTIQUE-SHA◎著
定價280元

輕·布作 23

俏皮&可愛·so sweet！愛上零碼布作的41個手縫布娃娃
BOUTIQUE-SHA◎著
定價280元

雅書堂 EB 新手作

雅書堂文化事業有限公司
22070新北市板橋區板新路206號3樓
facebook 粉絲團:搜尋 雅書堂
部落格 http://elegantbooks2010.pixnet.net/blog
TEL:886-2-8952-4078 · FAX:886-2-8952-4084

輕·布作 24

簡單×好作
初學35枚和風布花設計
福清◎著
定價280元

輕·布作 25

從基本款開始學作61款手作包
自己輕鬆作簡單&可愛的收納包
(暢銷版)
BOUTIQUE-SHA◎授權
定價280元

輕·布作 26

製作技巧大破解!
一作就變上的可愛口金包
日本ヴォーグ社◎授權
定價320元

輕·布作 28

實用滿分·不只是裝可愛!
肩背&手提ok的大容量口金包
手作提案30選
BOUTIQUE-SHA◎授權
定價320元

輕·布作 29

超圖解!
個性&設計感十足的94枚可愛
布作徽章×別針×胸花×小物
BOUTIQUE-SHA◎授權
定價280元

輕·布作 30

簡單·可愛·超開心手作!
袖珍包兒×雜貨の迷你布作小
世界
BOUTIQUE-SHA◎授權
定價280元

輕·布作 31

BAG & POUCH·新手簡單作!
一次學會25件可愛布包&波奇
小物包
日本ヴォーグ社◎授權
定價300元

輕·布作 32

簡單才是經典!
自己作35款開心背著走的手作布
BOUTIQUE-SHA◎授權
定價280元

輕·布作 33

Free Style!
手作39款可動式收納包
看波奇包秒變小腰包·包中包·小提包·
斜背包……方便又可愛!
BOUTIQUE-SHA◎授權
定價280元

輕·布作 34

實用度最高!
設計感滿點の手作波奇包
日本VOGUE社◎授權
定價350元

輕·布作 35

妙用墊肩作的37個軟Q波奇包
2片墊肩→1個包,最簡便的防撞設
計!化妝包·3C包最佳選擇!
BOUTIQUE-SHA◎授權
定價280元

輕·布作 36

非玩「布」可!挑喜歡的布,作
自己的包
60個簡單&實用的基本款人氣包&布
小物·開始學布作的60個新手練習
本橋よしえ◎著
定價320元

輕·布作 37

NINA娃娃的服裝設計80+
獻給娃媽們~享受換裝·造型·扮演
故事的手作遊戲
HOBBYRA HOBBYRE◎著
定價380元

輕·布作 38

輕便出門剛剛好的人氣斜背包
BOUTIQUE-SHA◎授權
定價280元

輕·布作 39

這個不一樣!幾何圖形玩創意
超有個性的手作包27選
日本ヴォーグ社◎授權
定價320元

輕·布作 40

和風布花の手作時光
從基礎開始學作和風布花の
32件美麗飾品
かくた まさこ◎著
定價320元

輕·布作 41

玩創意!自己動手作
可愛又實用的
71款生活感布小物
BOUTIQUE-SHA◎授權
定價320元

輕·布作 42

每日的後背包
BOUTIQUE-SHA◎授權
定價320元